青年劉克襄的自然足跡

Footsteps of Nature

青年劉克襄的
自然足跡

自然公園 040

青年劉克襄的自然足跡

快樂綠背包。

劉克襄 著

晨星出版

Chapter 1
盆地之心

大安森林公園紀事 012
大安森林公園的鳥類 019
路過植物園 025
總統府周遭 031
仁愛路上的鳥群 040
華中橋之旅 046
磺溪之旅 052
小綠山紀錄 061
萬芳社區的故事——抱仔腳坑自然志 066

Chapter 2
盆地邊緣

老基隆紀事 076
金山小鎮 088
大屯自然公園志 096
去彼平等國小之日 104
平溪之旅 112
大豹溪之旅 117
再訪大豹溪 123
重回沙崙 129

CONTNETS

Chapter 3 烏溪環境

荒原之旅——漢寶、全興紀事 136
梅峰之心 145
台中公園見聞錄 154
回到八卦山——大佛區地理景觀步道行 159
水沙連紀行（一） 165
水沙連紀行（二） 176

Chapter 4 南方之南

初訪美濃 190
四草驚奇 197
北壽山與南壽山 202
鳥松溼地 211
新港印象 216
南方之南 221

Chapter 5
後山南北

冬山河 242
雙連埤 247
松蘿湖之旅 249
七星潭防風林 259
車過縱谷 264
縱谷的雁鴨大戰 275
台東邊緣 283
東海岸紀行 290

Chapter 6
離島素描

菊島旅行記 314

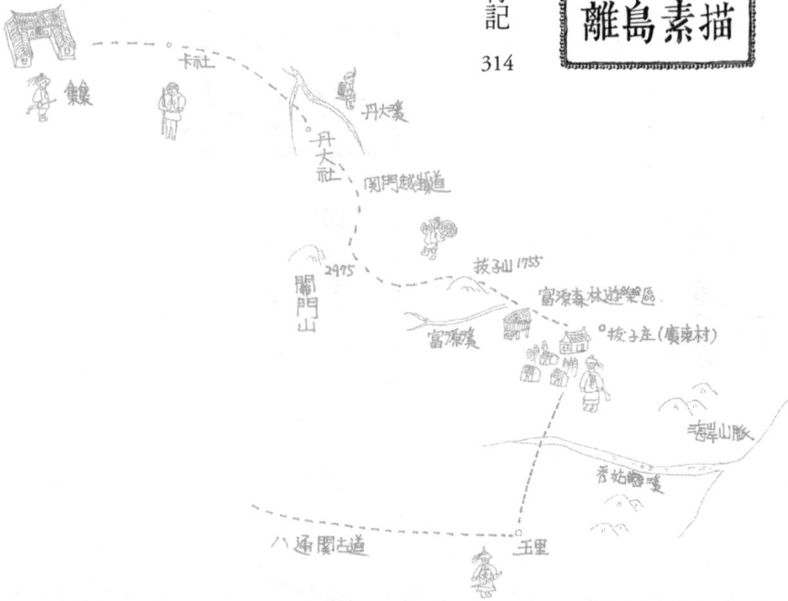

【新版序】博物學家初養成

《快樂綠背包》系列作品大抵完成於九〇年代初。此一階段，我擺脫了退伍後觀鳥時代的懞懂，自然志的繁瑣譯注和古道的熱情探查也逐漸平息。整個人彷彿轉變心志，不再汲汲於海岸沼澤的往返，或者鎮日埋首於圖書館的昏暗空間。

那時兩個孩子逐一出生，基於照顧之責，重心集中於住家旁邊小綠山的三年觀察。我嘗試學習地方自然志的細膩探索，同時摸索一個博物學家該有的養成。而我對台灣的地方旅行似乎也有了一個新的認識，在地歷史的擴大敘述，還有昆蟲之類細物的化簡為繁，奇巧地成為這個階段，我很偏好強調的內涵。從一隻蜻蜓看小鎮，從一位凡人度鄉野。我享受著博物學可能帶來的淵博見識。

此時的台灣旅行，自然觀察者和社區之間，開始有一微妙的良好互動。我跟不少地方文史田野調查的朋友，幾乎都在此時初次謀面和邂逅，後來成為一輩子關心家園環境的好友。

這個階段的台灣之旅，我的經驗還不足以對整個島產生宏觀的論述，但從一些自然的浮光掠影，分析台灣生態環境的可能已然萌芽。在地生態旅遊意識也興起了，但如何實踐似乎還沒有較好的對話，或者各種可能都還在調整中。

另外一個視野的開啟，當在於更充分體認城市的自然環境發展。我對親子生態教育、綠色城鎮的自然走向，一直想找到允當的位置。讀者當可在我的四處走訪裡，看到這一滿滿洋溢的樂趣。

城市如何跟自然搭線，鄉野如何重新換裝，此時，我應該是跟隨在前線的通訊小兵。

（二〇一三・四・十）

【自序】不同色調的綠色人生

劉克襄

收集於這本集子裡的作品，大抵是九〇年代以後，在台灣各地的見聞。主要內容包括社區生態認識、自然步道走訪、生態旅遊倡議、都市空間經營，以及各地風物志建立等，我繼續著八〇年代初以來自然觀察的熱情，走訪各地家園。一邊文字觀察記錄時，偶爾亦拍照、繪圖，調配自己的行旅步調。有此節奏，我也充分享受現代文學工作者鮮有的野外樂趣。

但每一個階段，整體的生態環境運動都會變動，創作者的思考也有轉折。八〇年代初自然寫作者帶著原罪、道德感十足的吶喊、感傷。到了九〇年代初，逐漸走向理性而認知的表達。面對早年生態保育的悽惶，當時我偏偏少了那份激越，陷身現今的環境，我又矛盾地急於從自己這種知識的冷漠、僵固裡抽離。

有時，我難免質疑自己，到底心目中台灣自然環境的藍圖為何，恐怕還不如個人創作的完成和實踐來得重要？

如此鄙夷自己時，多少會暗自猜想，自己大概還存藏著年輕詩人的惘然。仰望世界的嗔癡，一如面對戀人。

以詩人的情緒旅行？唉，想必這也是中年男子的十八歲浪漫，可望不可及了。

不過，真的是這樣，在晚近綠色旅行的內容裡，我倒是漸漸地喜歡摻雜一些生活上較為有趣的元素，刺激感官最末稍，那已然痲痺多時的神經，藉以更確定自己的觀察位置。

譬如在旅行背包裡，常會刻意帶一本早期的旅行地圖，或者一篇五〇年代的散文遊記，和旅行的同伴一邊旅行、討論，一邊比對、查證，甚而思索、揣摩早年旅行者的心境。

綠色旅行並非這個年代專門的產物。每一個時代都有它的綠色成分，只是晚近的綠色顯得特別濃艷而排他——有時面對這種綠色，我反而很疏離。

我也喜歡形容，自己的旅行書寫就像一些畫家在旅途道中的習慣。看到喜愛的風景，下車時便就著現場，抽出口袋的繪本，迅速而專心地素描。如此簡單地捕捉各人喜愛重點的寫生，正是我撰寫本文的切入角度。縱使只是掠影浮光的展現，都是不同色調的綠色人生。

Chapter 1

盆地之心

總統府前的植物群落，
維持著栽種傳統外型典雅的樹種，
甚少採用年輕、流行而色澤淺綠的園藝樹群，
更不會讓樹姿產生恣意的造形。
它的自然景觀既不符合時潮，
又不逢迎現代……
基本上是一個缺少現代生態思維的空間。

大安森林公園紀事

除了東北邊繼續在興蓋停車場，從任何一個角落進去，整個大安森林公園都是一副年輕的形容。

儘管市政府努力保留了一些老樹，像正榕和油加利等等，到處卻見幼稚園年歲的樟樹、柳樹、黑板樹等，以及新穎發亮的景觀設施。人工池塘也還未見到大量魚群，或看見蜻蜓梭巡。圓形的音樂廣場更未提供給任何藝術團體表演。如是加總透露了，這個台北最引人注意的公園，離「森林」還有一段漫長的距離要走。所幸，總是出發了。

當我帶著一群孩子，站在公園的小山丘鳥瞰。我推算著，等這群未來的公民擁有投票權時，這個環境惡質的城市，應該看得到大安森林公園蓊鬱的形容吧？星期日中午，在冬陽溫煦的照射下，孩童們初時雖覺得愉快，但此地沒有一般公園的遊樂設施。走不到一個小時，他們都意興闌珊，全坐在路邊休息了。

大樹還沒長大，森林也未成形，怎麼辦？歇腳的位置在一處面對新生南路的小土坡，小徑旁邊常見的野花野草生長不少。我索性以它們為介紹對象，講解一些現場的自然故事給孩子們聽。

野花野草來此謀一生長環境是相當卑微而艱苦的。一則定時有工人不斷除草，二來已經被人工綠化的植被占領最好的位置。它們是被壓迫的少數族群，被排擠在最邊緣的角落，只能利用某一狹小位置的可能空間，求取生存的機會。

放眼望去，大家熟識的紫花酢漿草和酢漿草最具代表性，一個是花季剛剛結束，一個是正要剛開始。這時節，各地牆角盛開黃花的黃鵪菜也沒有缺席，努力地在小徑旁抽出長長的桿莖，再盛開一朵朵黃色的花蕊，或者以禁錮的花苞堅挺著。在這個不適合野草棲息的環境，肥胖葉子的羊蹄也不落人後，開出了綠花。

仔細貼近地面觀察，其實還多著呢！咸豐草、車前草、紫背草、藿香薊、鼠麴舅、通泉草、鱧腸、假吐金菊、小葉冷水麻……。光是這裡就有三、四十種的野菜。

足夠一個初學者，攜帶著植物學者鄭元春撰寫的各種野菜指南逐一辨認，不須跑到郊區野外奔波。

樹群還未長大下，自然無法看到任何森林型的鳥種出現。什麼是森林型鳥種？我指的可不是白頭翁和綠繡眼而已。主要是樹鵲、珠頸鳩之類更大型的鳥種。以及，一些春天時，咕嚕的五色鳥，還有聒噪的紅嘴黑鵯。

至於秋末，從北方來的赤腹鶇，將會是另一個重要的指標。牠的出現表示林子下方已經形成落葉滿覆的肥沃土壤層，有蟲子在裡面活動，足以讓牠啄食了。而池塘呢？只要有樹木低垂，稍稍隱密的環境，可能會有披著寶藍羽色的魚狗到來。領域性強的小白鷺、夜鷺也有兩三隻棲息。這些水鳥若出現將意味著，目前放養鵝群的池塘，已經有豐富的魚群了。

目前市政府公園所栽植的樹種相當少，主要是樟樹、柳樹、白千層等容易生長的樹種，植物歧異度不高，若要成為森林型公園，還是不夠的，最好再多栽種其他種類。或許長得慢，卻能讓森林物種豐富。

公園裡只有台灣紋白蝶飛舞著。每年元月到春初前夕，牠們總是最早在各地出現。其他蝴蝶若不是尚未適應天候的狀況，要不就是尚未羽化。牠們沿著公園邊的花圃尋找蜜源，以及適合產卵的野菜。有時單隻緩緩低飛，時而三兩成群相互追逐。

我發現一株細葉碎米薺挺立著。蹲下來靜靜觀賞，並且摘下細小的青嫩葉片，讓每一個孩子品嘗。無意間，看到了一隻青色的小毛毛蟲，靜默地貼伏在長長豆莢的綠桿上。孩子們睜大眼睛，搶著趴看這隻台灣紋白蝶的幼蟲。

我指著天空上飛舞的台灣紋白蝶說：「牠們就是這種小青蟲變成的！」

「小青蟲在這裡幹什麼？」孩子問道。

「靠這種植物生活啊！」

細葉碎米薺是十字花科，這一科是台灣紋白蝶最喜歡產卵的植物。我們吃的菜，十字花科最多，像芥菜、甘藍、蘿蔔、白菜、油菜、花菜都是。菜田裡最容易見到的，便是這種幾乎四時都可見到的蝴蝶，以及牠的蛹、幼蟲。

孩子試著要摸小青蟲，我警告：「小心！牠會吐出唾液！」

沒多久，孩子們又在草叢裡找到了一隻漂亮的黃色大瓢蟲，鞘翅發著亮光。我告訴孩子們：「這是肉食性瓢蟲的特徵，剛才牠可能正在找蚜蟲吃。」

幼蟲喜吃十字花科的植物

紋白蝶的蛹

台灣紋白蝶

「為什麼是肉食性？」

「我是根據牠的鞘翅呈現光滑面，判斷是肉食性。如果鞘翅用肉眼看有毛的，就是草食性。」

孩子們沒有再追問。

我再試著引導：「你們有沒有注意到牠身上有幾個斑點？」

「六個。不！七個。」

「有許多瓢蟲是用鞘翅上的斑點取名，像這一隻未查出種類，我們可以暫時取名為『七星瓢蟲』，回去再去找圖鑑來詳細核對。」

後來，我們回家查對，很巧合就是俗稱的七星瓢蟲。

接著，再沿著小徑尋找小動物。小徑旁潮溼的水溝口，我們找到許多非洲大蝸牛幼蟲。

等孩子覺得無啥可觀時，我們走下山坡，在新栽植的小樹和灌叢上，尋找蜘蛛的巢。

我指著一些扶持小樹的木架，讓孩子們注意。上面結有一些不規則的蛛網。每一個網的上端，都有它的主人。一隻暗灰褐色的蜘蛛棲息著，等待蟲子上網。

孩子們的公園之旅，就在這個隨興的自然觀察中結束。儘管森林尚未成形，已經有許多生態故事在發生。我們還會再來，就像台北市的其他市民。我們會繼續來這兒觀察，做記錄。同時，看著這個公園慢慢地長大，直到它蓊鬱成林。

（一九九四・一）

大安森林公園的鳥類

大安森林公園開放以來，每隔一陣都會到那兒看看，把它當成老朋友般拜訪。

秋末了，台灣欒樹的花季已過，赭紅的莢果從濃密的綠葉中竄出。怒放如醒目的花叢，聳立於蔚藍的天空，成為城裡最搶眼的喬木。大花紫薇和洋紫荊雖支撐著，紫色的花叢則露出疲憊、焦萎之姿，似乎再過一陣大雨後，就會結束今年的盛會。

放眼望去，公園即將進入一個比較清冷的季節。有棵雀榕的果實紅熟了，彷彿想趕在冬天之前盛開，讓動物們好好享受一頓。它吸引了許多昆蟲和二、三十隻白頭翁的集聚。我在樹下呆立，好奇地觀察有哪些昆蟲。意外地，記錄了一隻黃腰虎頭蜂。但我更大的興趣，當在思索一群白頭翁集體覓食的意義。

繁殖期已遠去，家庭的教養期也結束了，這群白頭翁按理應該充滿快樂的時光。

假如裡面有亞成鳥，牠們合該是最幸運的一群。牠們才安然度過死亡率最高的春末至秋初，經過這段嚴苛的考驗，心智和飛行經驗都較過去成熟。雖然時節愈冷，食物逐漸減少。但牠們已有豐富閱歷，足以面對即將到來的寒冬。

假如是成鳥，那更該慶祝了。牠們不僅又安然地度過一年，可能後代子孫也已長大，在野外獨立生活，說不定都一起在這棵雀榕上呢！

牠們嘰哩呱啦地邊吃邊叫，三、四分鐘後才飛離。全部集中到水塘上一棵油加利樹上，繼續興奮地鳴叫著。只可惜，最高明的鳥類學者也還不知，牠們在談什麼

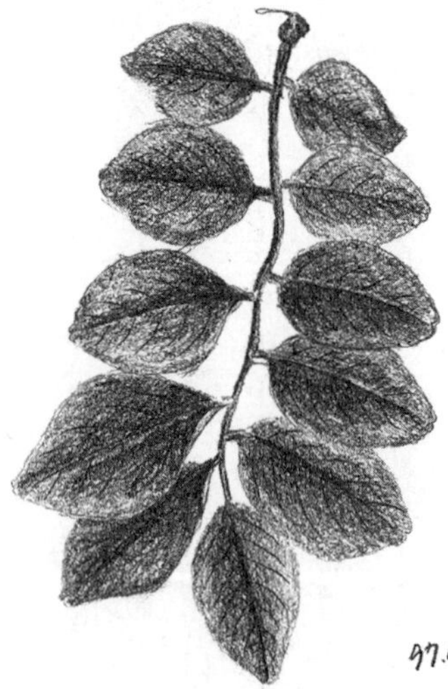

97.4.21 柏拉木

內容。

以前來此，都在觀察樹種和園藝花草，今天主要想記錄鳥類的情況。前幾日搭公車經過，看到樹鵲從公園飛往新生南路，我猜想牠們已在此落腳。果然，早晨才進入公園，金屬般的響亮鳴叫清澈傳來。

遠方有一群麻雀，躲在草地尋找食物。清潔工人定期在此除草，很少讓草長出六、七公分以上的高度。牠們像非洲貓鼬般，露出一個一個機靈地暗褐之頭，小心地觀察四周。

我專注地觀看，隨即被另一個連續響亮的粗獷鳴叫打斷。那是紅尾伯勞的聲音。秋天以後，牠們是這兒的常客。或者說是，冬天的主人也不為過。牠們的領域性強烈，就不知有幾隻會年年回到大安森林公園。

我喜歡看牠們，披著灰褐色澤，一隻隻孤孤獨獨，突立於蒼穹，場景淒涼。循聲轉頭搜尋，馬上就找到這隻的蹤影。牠正飛落地面，從短草叢裡咬出一隻少說有兩公分長的蟲子。迅即飛上樹枝，快樂地享受。每次看到紅尾伯勞吃肥胖的蟲子，都像看到一個孩子，在貪婪地吃全雞大餐。

在城裡，看到一隻紅尾伯勞，遠比在鄉野記錄更加可貴。我總是會多看幾眼，甚而因為牠的存在，特別環顧四周環境，考慮得更多。

我往唯一的水塘走去，天空傳來細弱、斷續地單鳴。斑文鳥嗎？我有點訝異，仔細瞧著，果然有一群五隻，從樹冠上層飛出。

斑文鳥群偏好棲息在禾本科較多的草原上，或是菜畦。公園之草地，豈容禾本科生長？沒什麼好條件吸引下，牠們又來做什麼？我還找不出合理的解釋。

去年來此兩、三回，水塘裡總有一隻小

島榕

白鷺孤單地生活，今天亦然。偌大的水塘老是只有一隻，不免讓我有不好的揣測。當時就研判，這裡可能沒什麼食物，才只夠一隻小白鷺容身。在植物園，一個比它小二分之一的老水塘，竟吸引了三隻小白鷺，因為那兒食物豐盛的關係。去年如此，今年依舊，可見這個水塘情況依然未見好轉。我從外觀評估，武斷地以為，它只適合一群只會搞髒水塘的鵝群和鴨群生活。而水塘裡面集聚著放生的斑龜、巴西龜，以及一群看來永遠餓腸轆轆的錦鯉群，其他水中小生物和小型魚類想要存活，自然困難了。

朋友告訴我，晚上時，水塘常有一些夜鷺到來。如果是，這訊息是好的。就不知是否來捉魚，或者是捕食周遭的盤古蟾蜍。

隔天黃昏，我帶四、五位小朋友到水池觀察。小朋友把未吃完的麵包丟給鴨群吃，結果引來六、七隻紅鳩，從水塘小島的油加利樹飛下來。背羽鏽紅的雄鳥和灰樸的雌鳥都集聚到岸邊，和鴨群爭食著麵包，好幾隻都離我不到兩公尺。

以前，一直誤以為，大安森林公園是珠頸鳩的地盤，沒想到都市裡也有紅鳩群集聚，大大超出我的預期。過去的經驗裡，紅鳩少說都離我六、七公尺遠，這回的距離讓我相當震驚、興奮。很可能係因水塘設有柵欄，人跟水塘保持了一段距離，讓紅鳩不再怕人。此一經驗對城市的公園環境，或者對生態教育而言，都相當具有啟發意義。

一邊觀察紅鳩覓食時，池邊的灌叢裡，不時有老鼠鑽出，偷吃麵包屑。有的老鼠還跑出來梳理皮毛，完全不懼人。據說，國父紀念館水池邊的老鼠更加肥碩而放肆。這些生活在公園裡的老鼠，將會帶來什麼樣的問題呢？我也好奇地思索著。

去年此時，我在草地上見過白尾八哥活動，沒什麼理由懷疑牠們不會再出現，只是不常記錄。烏秋倒是有，卻不多。今天也記錄一隻。烏秋是鄉間平野和丘陵常見的鳥種，公園裡出現一隻也不違常理。如今我最大的興趣是夏天。當繁殖季到來，到底會有哪些鳥在此首先築巢？我急切地盼望著。

（一九九七・二）

路過植物園

冬末時，從和平西路的大門走進植物園，先仰望右邊園區的欖仁樹，瞧瞧那肥胖而寬闊的葉片。在它身上，這時節似乎只剩下一些暗紅的色澤，殘存在枯葉間。

正盤算著要往哪個方向觀察，五色鳥嘴裡像含了一枚橄欖，發出咕嚕的叫聲，從遠方的林冠上層傳來。這麼早就在宣示領域，不免讓人感到訝異。上星期在臺北近郊森林，我尚未聽到牠們的聲音呢！

早上前往社區游泳池，我發現紫紅蜻蜓羽化了。這種小型蜻蜓總是最早羽化，相信植物園也有。前往竹林區右側的大水塘，搜尋岸邊和水生植物的桿莖。可惜，半點水蠆的蹤影都未尋獲。

倒是遇見了三隻小白鷺，正在為地盤而爭吵。當第一隻不小心飛抵一處高枝時，第二隻似乎被冒犯了，發出粗啞的叫聲，將第一隻驅趕得無處可逃。但第三隻似乎也不滿第二隻的行為，強行飛出，發出威嚇之聲，將第二隻趕走。第二隻無可奈何，又將怨氣發之於第一隻。

不過百來公尺的水塘，竟出現了一幅螳螂捕蟬，黃雀在後的畫面，別具生態意義。這一連串動作告訴我，三隻小白鷺共生於這個小地方，有著鮮明而緊張的棲息位階。

我喜歡把城市的綠地當作沙漠裡的綠洲、海洋中的島嶼。植物園正是這樣的城中島，且是台北城裡生物資源最為

穗花棋盤腳

豐富的自然生態島嶼。每次到植物園觀察，我總會因不同的需要，獲得不同的收穫，卻不需要花費很多時間在車程的消磨。

今天來探訪一些中、低海拔不易發現的樹種。有很多野外不易發現的，這兒都能輕易找到蹤影，譬如象牙樹、台灣海桐等，當然更多是具有指標意義的樹種，如紅楠、烏心石、燈稱花、軟毛柿、台灣紅榨槭、森氏紅淡比和穗花棋盤腳等等。喜歡觀賞樹木的人，不妨注意植物園的烏桕和相思樹，看看這兩種低海拔的常見樹種，七、八十歲時，年紀垂老的模樣。在北部近郊山區，我們看到的相思樹和烏桕總是太年輕，感覺不出歷史和人文之味。

集中、低海拔之代表性樹種於城市一隅，種類自然繁多，但難免教人眼花撩亂。所幸，管理植物園的林試所，依類別樹種，劃分了好幾個園區。同時，在每個園區都設有白色的大小木牌，告知大部分樹種的名字、學名、產地和用途。在這裡，就算沒有解說員，還是能認識許多。

一邊按樹索驥時，我看到至少有兩群幼稚園的小朋友，由老師引領到植物園遠足。老師會帶小朋友來這兒旅行，大概這兒最親近自然，而且是較安全的公園吧！

我五歲大的孩子，在木柵一所幼稚園就讀，便來過兩回了。

看到這種情形，大家難免有錯覺，這兒好像變成只適合幼稚園遠足、旅行的地方，小學以上的孩子就可以到更遠的地點。我們都忘了植物園存在的意義，全然忽略了它在教學上的功能。

其實，縱使到我這接近而立之年的歲數，它依舊是值得一去再去，學習、觀賞台灣樹木的最佳所在。

一隻紅尾伯勞在最邊角的台灣紅窄槭上，發出「卡、卡」的響亮叫聲。牠點醒我，應該注意到其他冬候鳥的存在。我隨即想到赤腹鶇，一些林木蓊鬱的園區內，牠們經常和珠頸鳩在草地上啄食。

十幾年前，在這兒賞鳥時，我對植物園的鳥況特別注意。這兒常有特殊的怪鳥出現，什麼黑冠麻鷺、臘嘴雀、小桑鳲、領角鴞、灰斑鶲等都可能出現。連台灣高山的特有種藪鳥、白耳畫眉都被記錄過——猜想大概是被人釋放的。

我還聽到，黑枕藍鶲「輝、輝、輝」的領域聲。據說，春天時這兒還有綬帶鳥在隱密的林冠上層棲息，遭到紅嘴黑鵯干擾過。

面對最大的荷花池，我坐在一張鐵椅遙望。荷花都已枯萎，只剩零星的桿莖。遠方某處，翠鳥的聲音傳來，可惜，遲遲未看到這「飛行的寶石」掠過池面。

池裡的一塊大石頭上，爬滿二十來隻的斑龜和外來種紅耳龜。紅耳龜大概是遊客放生的，一如全省各地的湖泊和池塘。有許多專家一直擔心，紅耳龜會搶奪本土種斑龜的棲息環境。面對這種雙頰紅斑的烏龜，我不自覺充滿敵意。用望遠鏡細瞧，斑龜數量仍比較多。我懷疑，還有一隻大型黃褐的棺材龜在那兒。

中午時，捨不得離去，坐在一個面對隱密小島的坐椅吃便當。為何選擇這個位置？因為想等看看，十年前曾在此遇見的白腹秧雞小波。不知牠安然無恙否？或者，牠的後代子孫依舊在島上生活。

可是，遲遲未看到牠出現。不遠處卻看到一隻黃色的母野狗，帶著三隻灰褐色、尚未脫奶的小狗，從園區跨過淺水溝走出來。這樣的小狗大概都有兩個多月大。在市區裡，一隻野狗帶著三隻小狗出來蹓躂，並不是很容易的事，尤其是不靠人類的幫助、飼養，還能自力更生的野狗。

一些遊客看到小狗，興奮地圍上去逗弄。母狗單獨走到一角，讓人們和小狗一起。沒多久，小狗本能地溜入園區內。等遊客走了，母狗又回來帶小狗出去。

我觀望著，有一種對野狗行為了然於胸的認知。這種母狗帶小狗的行徑，幾年來看了還不少，可以逐一合理解釋的。我後來到牠們出沒的位置觀察，這些尚需要母狗奶水的小狗們，總會鑽入一處龐大而隱密的刺棕櫚裡。母狗一家的窩便在此，但這裡安全嗎？植物園如公園，不太可能讓野狗安心棲息的。

吃完便當，準備離開時，赫然發現，小島上的杜鵑花叢，鑽出了一隻全身像套著連襟白衣的大鳥，從臉頰到腹部都白澄澄的，是一隻白腹秧雞！時間恍若十年前初次來此，遇到的情況一模一樣。

牠會是十年前那隻小波嗎？還是小波的後代？牠悄悄地走下水池，慢慢地游回小島的草叢。然後，站在一根草桿上，以嘴沾水梳理羽毛，再走進去休息。整個動作悠閒如在林徑上安靜運動的阿公、阿婆們。我呢？時間彷彿也在這時迅速逆回，回到十多年前。我繼續躲在池邊的草叢，被牠悄然撞見。

（一九九四．二）

總統府周遭

你有無注意，總統府前的樹種有哪些？旁邊的公園、行道樹和它有什麼關係？這個位於台北核心區的自然景觀又呈現了何種特色？

當我以閱讀陽明山國家公園的角度，站在總統府廣場前，遠遠地眺望，思索著這個和小油坑一樣暗灰，僅栽種少數植物的環境時，我好像在野外看到稀有生物般，竟有一種奇怪的樂趣，自心裡悄然浮升。

最近的自然觀察，盛行添加歷史元素，拿捏土地的秩序與倫理。當城市自然景觀披上人文色彩，其實也會呈現不下於野外的複雜特質。更因位居人們視野經常看見的範圍，此地比多數的野外區域更具現實感。

原因何在？說穿了，畢竟不是每個人都喜愛自然觀察，更不會有探險的機會離開城市，遠到各地接觸荒野。多數人跟你我一樣，一輩子老死的範圍多半在城裡。我們所接觸的自然，早已充滿城市的符號和語言，台北就是一個典型。

相較於高雄或台中，現代都會性格更為鮮明的台北，自然環境也更為多變，更趨向於精緻。不論是社區公園、人行道或自然步道，隨著住民環境意識的普遍崛起，每個社區都會顯現不同的內涵。譬如芝山岩、萬芳社區、內溝里、軍艦岩等等，近幾年都因不同的地理環境，展現了迥異的社區風采。

但屬於行政特區的總統府，擁有這種自然個性嗎？

我按著過去的習慣，從北一女下車，穿過介壽公園、凱達格蘭大道，直抵二二八和平公園。這條經常走過的路線，路邊的植物雖然熟悉，過去卻未曾仔細瀏覽。

這回為了找尋它們的特性，一邊記錄種類，描繪著分布的位置和長相時，卻兀自心驚。

在綜觀後，我大致有了一個明確的定位。套一些植物學家最愛使用的形容，它們因為長期在封閉的環境，呈現了一個獨特的生態區域，迥異於台灣各地。

當我散步於附近的人行道上隨即發現，離總統府愈近，行道樹往往變得整齊而美觀。

這種齊頭式平等的樹種以榕樹為主。眾所周知，榕樹若不修剪，經常會形成綠蔭扶疏的傘狀樹頂。若是在鄉鎮郊野，往往變成早年寺廟和公共場所栽培的主要樹種，並且成為集聚場地。

但是，特區的榕樹像是頭髮定期檢查的高中學生，到了一個階段就必須修剪成相似的長相，永遠無法長高、長胖。

上個月總統就職前夕，當我行經貴陽街北一女校門，還發現了一個有趣的對比。圍牆內校園的榕樹恣意生長，但人行道上的榕樹為了配合周遭景觀，不僅修剪得非常整齊，這個節慶假日，還戴上了彩燈。

榕樹雖是特區最為常見的景觀植物，但還不夠資格站在總統府前，面對凱達格蘭大道。或者，成排站立於仁愛路一段的安全島上。它們只能種植在人行道的兩側。能夠站到府前和安全島上的植物，唯有外來的大王椰子，高聳而整齊地排列著。

何以大王椰子獨有這種條件？原來這種裸子植物的樹幹素淨高大，不遮擋視線，也甚少落葉。再者經得起風吹雨打，長相又是四十年如一日。這諸多好處，讓它成為總統府前日夜守護的衛兵。

大王椰子矮小的「近親」蘇鐵，也是這裡的優勢族群。這種本土植物像伴隨在大王椰子旁邊的僕役、傳令之流，散布在府前、安全島和介壽公園內。除了永遠長不高，它們也具備大王椰子的種種特性。

大王椰子旁邊還有一種長相肥胖的外來種植物。它們是葉子寬厚、豐盈，果實金黃奪目的福木。其長相容易討喜，再加上色澤暗綠，不易落葉，自然適合站在府前了。

福木、蘇鐵和大王椰子的整齊樹形，加上榕樹的定期維護，遂形成了這個威權空間的主要樹種。當然附近還有一些杉類、楓香和油加利等，但基本上已經遠離了特區核心，多半集中在二二八和平公園內或介壽公園內。

樸拙、單調而陰沉的風格，大致是總統府前植物總體營造出來的氛圍。為了沖淡這種景觀的死氣和嚴肅，居間則夾以人工的花壇植物，定期美化。到了節慶時，為了增添喜氣，這些花壇更如同彩燈的功能，突然暴增起來。

這種因威權空間影響的自然景觀，在台灣各地其實比比皆是，但樹種搭配環境所形成的沉鬱、暗灰之格局，此地恐怕是獨一無二。任何人走過這裡，總會強烈感受，這股單調死寂的綠色，禁錮於空氣之間，也在日治和國府兩代政權的曖昧歷史裡流轉。

這裡不會讓台北安全島上的優勢本土型樹種茄冬，或者葉身亮麗的樟樹太接近。九〇年代以降，外來的優勢族群黑板樹，以及新近流行的小葉欖仁，也難以在此伸展空間。

想要拜訪茄冬和樟樹，除了走進二二八和平公園，得到信義路的安全島，和遠一點的仁愛路二段，才能看見這兩種的蓊鬱樹群。

每次看到茄冬，總讓我想起，在這個行政特區植物史上的兩次大遷移。一回是早年中華路的三線路拓寬時，行人道上一人合抱的楓香全部被移走。當時沒人關心樹群的生存權利，所以它們移到哪兒也沒人知曉。另一次是八〇年代初期，愛國西路的茄冬樹群，全部移到北投大度路上。大樹的遷移一如動物園內動物的搬家，充滿危險，死亡率奇高。當年搬遷後，就有好幾株在水土不服下，孤零凋萎。

至於，今年最流行的小葉欖仁，這個季節在公園、校園、庭院，或者人行道等環境，都不難看見它們冒出舌狀淺綠的新芽，撐出美麗的雨傘形容。樹相優雅的黑板樹，也自樹冠冒出淺色的綠葉，甚而有長長的豆莢垂了下來。

姑且不論它們的外來種色彩，是否被自然觀察者肯定。它們會成為一般人喜愛的景觀樹，自有原因。像黑板樹不易落葉、耐污性強、甚好栽植、沒有什麼蟲害。這些優點，都是它受到喜愛的原因。

漂亮的小葉欖仁其實也提供了相似的重要訊息。在大家對樹種都不熟悉時，提供樹苗的公司運來什麼，就種什麼。小葉欖仁就是這樣的產物。很可能，這個時節園藝公司流行栽培的都是此一樹苗。無怪乎，有段時期大家看到小葉欖仁的機會便增加許多。

回頭再看，總統府前的植物群落，總是栽種傳統而保守的樹種，甚少採用年輕、流行而色澤淺綠的樹群，更不會讓樹種產生恣意的造形。它的自然景觀既不符合時潮，又不逢迎現代。這些樹種的繼續存在也告知著，特區基本上是一個缺少現代生態思維的空間。

如果是自然景觀設計者，考慮到親民的特性。我會大膽建議，將大王椰子和福木移走，讓這個位置改植成十二種本土或已馴化的開花植物，諸如山櫻花、山芙蓉、油桐、相思樹、苦楝、鳳凰樹和台灣欒樹等等，這些樹種開花的季節不一，肯定會讓總統府前，四時都能展現花開花落的繁華，呈現新的活潑氣象。

除了行道樹，總統府前的綠色景觀，還有介壽公園和二二八和平公園兩塊重要綠地。

當初，在總統府旁邊設計這兩座公園時，其中一個重要的功能，便是充當區隔之用，舒緩威權空間的壓力。就像一個天然湖泊，旁邊往往會有適當的溼地做緩衝區，和城市隔開。二二八和平公園和介壽公園都具備這樣的功能。翻看早年的照片，在日治時代，這樣的綠地空間更大，兩個公園和總統府之間的兩處停車場，以前也是樹木林立。

這兩處綠地的消失證明了，過去規劃公園空間的思維已經過時。在周遭綠地不斷縮減，新樹種不斷移入下，它們已經難以負擔這樣的緩衝功能。這也是兩個公園日漸不受到遊客重視，難以成為地標的主因。

介壽公園裡面儘管還有些老樹保留，基本上，它是個以蘇鐵為主的庭園式小公園，約定俗成地展現了，我們對這個區域綠色景觀的印象。更諷刺地說，或許讀者恐怕還不知，有此公園的存在。

二二八和平公園還好。還好的原因在於，它保留了一片老樹群生存的空間。一片以楓香、茄冬和榕樹為主的優勢族群，集聚在懷寧街和襄陽路邊。從公園興建起便開始栽種，多半已近八九十高齡。龐然而多斑駁的樹身，隱密而濃厚的林冠，提供了一個幽黯而陰涼的空間。如此鬱鬱積蘊的綠色，跟附近的歐式建築一樣，以一種殘存的姿勢，珍貴地存在著。

只可惜，林下的地面始終缺乏適當的維護，地面因人們長時運動、踩踏，形同水泥般硬化。遇到雨水時，常積水不退，波及旁邊行人道。

此外，公園路一角，最近因捷運車站之工程，不少老樹種消失，新出現的樹種竟有黑板樹和小葉欖仁。二二八紀念碑周遭的景觀，更讓園藝型植物盤據這一角。相對的，減低了這座公園成為城中島的豐富生態。

針對這一公園老化的窘境，恐得灌入新的綠色精神。除了地表泥土局部翻新，鋪上有機腐植土壤，種植野草，同時應該增加樹種的歧異度，減少外來種植物。它和府前的情況一樣，花壇型植物該酌量減少，進而增加喬木型的開花植物。諸如苦楝、流蘇之類，或者大膽地種植蜜源植物如冇骨消、咸豐草等等，吸引昆蟲到來，讓它變得生氣蓬勃。

新公園若能活化，再搭配總統府前的花開花落，特區的自然景觀應該會有不同往昔的活潑氣象，甚至於有一些浪漫之氣氛。但如是我云，恐怕只是一個自然觀察者的幻想吧！

（一九九六）

仁愛路上的鳥群

一個窄心形，加上一條長尾，長得像魟魚的菩提樹葉子，在寒風灌入街道時，隨風起舞，撲颼颼地吹響。望著它們，像數萬尾上溯的魟魚，在黃昏的街道上競相泅湧。自己不禁豎起衣領，躲入大樓廊柱的凹角避風。

背後的餐廳叫 Burger King，還是第一次知道有這家和麥當勞、肯德基一樣的速食店。依著柱子的凹角，注視著十字路口。從早上到現在，這個光復南路和仁愛路口的交會口，不管何時到來，都一直保持著車水馬龍、人群熙攘往來的高頻率噪音。

下午五點二十分。再取出望遠鏡，對準對街中視新娘世界（目前改為肯德基炸雞）大樓的頂樓，終於看到一隻白面白鶺鴒停降在頂樓。半個小時前，搭公車從延吉街口下車時，看到對面的紅磚大樓，佇立著二、三十隻，街心上空也不時有三、

四隻飛起，迅速來去，但牠們都是胸腹暗黃的灰鶺鴒。

走近探看路口的那幾株菩提樹，樹枝上猶是空蕩蕩的。遙望對面 Burger King 紅磚大樓，還有光復南路對面的尚華仁愛大樓，一樣沒有鳥蹤。再過街回到對面 Burger King 的廊柱凹角，躲避冬風。

現在，好不容易來了一隻。但怎麼會這麼少呢？以前每年元月時，少說都還有近千隻數量，難道說今年會缺席？我懷疑有不少隻躲在頂樓的露台活動，只是尚未出現。天色漸暗，有些車子已經開燈，路上不斷有下班的市民和放學的學生匆促經過。白鶺鴒再不來，就要天黑，無法降棲菩提樹了。

許久以前就知道，一年到頭，這兒都有白鶺鴒在此集聚過夜。尤其是冬天時，數量最多，曾經有高達一千多隻的紀錄。其中以留鳥白面白鶺鴒最多，也有不少冬候鳥過眼線白鶺鴒加入。此外，

白鶺鴒（過眼線型冬候鳥）

也有少數灰鶺鴒群，在不遠的延吉街口集聚。

我為何來此，倒不是心血來潮，而是為了追蹤一隻白面白鶺鴒的行蹤。那隻白面白鶺鴒雌鳥叫小污，春天時在我觀察的辛亥路木柵地區，一棟二樓公寓頂樓築巢。小污的幼鳥們離去後，牠繼續在當地活動，有時還會回到巢邊。時節入秋以後，每天清晨，牠常在辛亥國小的操場覓食。寒流來襲以後，消失了一陣。元月初，卻意外地在社區的池邊遇見牠。牠的再度現身，引發我更深的好奇。以前便常想，非繁殖期的小污在哪裡睡覺？有幾次黃昏，都看到牠朝敦化南路飛去。當時即大膽研判，牠可能和其他白面白鶺鴒一樣，天黑之前，趕到這兒來，和其他同伴一起過夜。

正想著小污，對面的大樓起了些許變化，那兒逐漸有二、三十來隻。一隻間隔著一隻，保持著距離。突然間，一陣大風颳起來，菩提樹颼颼作響，一群流線型的鳥嘩然飛出街心，形成眾鳥紛飛於天空的奇景。每晚必定舉行的晚會開始了！少說有數百隻鶺鴒科鳥類，如落葉翻飛，卻不落地。牠們從我背後的大樓飛向對街去，落進了中視新娘世界的建築頂樓。我聽到了無數的「唧」聲和「伊威」聲。啊！是白鶺鴒的叫聲，這回可不是灰鶺鴒的急促鳴啼了。

我急忙朝對面的大樓望去。有了！果然有好幾個小黑點，佇立成排。每一隻都保持距離。時間五點半，細數了一下，總共有五十多隻。街心繼續有白鶺鴒來去，繼續在落下。白頭黑胸，大概都是白面白鶺鴒。牠們一落下來，便靜靜地佇立著。除了三、四隻，多半頭朝著街上，似乎在等待著另一個號令，一起飛到菩提樹過夜。

這樣的都市情景，讓我想起朱天文的小說《炎夏之都》，兩排十幾層的大樓矗立著，一如高大的峽谷，人類侷促地在谷底兩邊的街道來去。白鶺鴒群卻在這個城市谷頂的兩邊散步。若要離去，便躍入街心，一如車輛的急速往來。市民在下，牠們在上。

又過了五分鐘，再抬頭搜尋。這回不止中視新娘世界大樓了，左右的尚華仁愛大樓、三普仁愛大樓也都停滿。參加晚會的都是額頭白亮、胸部有一塊亮大黑斑的白面白鶺鴒。再計算了一次，已經有上百隻出頭。數了兩、三回，便覺頭暈眼花，放棄了精細估算，匆匆數過。

三年前，有對著名的賞鳥夫婦曹美華、余素芳和一群鳥友，在這兒做過一年的長期調查，統計出白鶺鴒每月的棲息狀況。元月時，白鶺鴒數量最多，高達一千四百多隻。不知當時這對夫婦是如何計算的，恐怕要有三、四個人合作，分別站在不同的位置，各自看守一棟大樓吧！

趁著牠們尚未降落菩提樹。我趕到對街去，想看看背後的大樓情景又如何。結果那兒只有二、三十隻。經過安全島時，我聽到菩提樹上，眾鳥喧嘩的啁啾聲音。走近細看，靠近十字路口的兩、三棵菩提樹，已有大群白鶺鴒落降，集聚在樹冠上層的枝葉裡了，而不是較粗的枝莖。鳥聲吵雜，像麻雀集聚榕樹一樣。這種吱喳叫聲，在白面白鶺鴒平常活動時是聽不到的，如果不知道牠們的來龍去脈，還以為是麻雀呢？

除了這幾棵，其他菩提樹上，白鶺鴒就相當稀少而安靜。後來，檢視安全島上的地面，這幾株樹下的白色鳥糞特別多，其他樹便相當少。

時間緊迫，十字路口的紅燈又特別長。趁綠燈亮了，再奔趕到凹角那兒觀察。已經五點四十五分。中視新娘世界那棟大樓上只剩下十二隻了，呼！真快！我擦了額角的汗，再抬頭注視。灰黯的天色下，有些鳥影再掠下。我再抬頭，這棟大樓已經沒有鳥影了。五點五十分後，工作暫告一段落。被寒風吹得有點頭疼，肚子也餓了。

六點整，進去買個漢堡，原本想坐下來，好好休息，卻放心不下。囫圇吞飽，再出來檢視菩提樹。適才喧鬧的樹上，竟安靜無聲了。樹上像掛了無數個棉花球。平常甚少看到牠們棲息在樹枝上，大風吹來，這些白鶺鴒竟也停得安穩。好幾隻尚未闔眼，正在梳毛，裡面還有幾隻灰背的過眼線白鶺鴒。

再走到延吉街口，一些灰鶺鴒也停在菩提樹，露出灰黃的胸部。我知道，這些北方來的候鳥也睡著了。

真高興，牠們一如往年，繼續在此集聚。我想像著，白天時，牠們一如上班的公務員，各自在自己棲息的領域生活。永遠著一身黑白的羽衣，像高貴的士紳！晚上呢？再趕到這個熱鬧的市中心，成為固定來此集聚夜寢的鳥族，一點也不畏懼嘈雜的車聲與擁擠的人群。若依生活習性選擇台北市鳥，還有什麼鳥比牠們適合呢？

（一九九五・十一）

華中橋之旅

二月末，一個陰霾密布的早晨，站在新店溪匯入淡水河的下游，遠眺著這個首次抵臨的河段。河水正滿潮，兩、三千隻小水鴨縮捲著自己，在遠遠的河心睡覺。等溪水將牠們載送到溪口附近，牠們再起飛，回到原先的河段上游，繼續縮捲著身子，慢慢漂下。

滿潮時，牠們就這樣單調地棲息。天氣雖不好，河風不像平時的大，只微微吹拂而過。我兀自沿著空曠的河邊漫步，貪婪地享受著這個適合觀鳥的日子。

晚近賞鳥人都知道，大漢溪和新店溪交匯的華江橋附近，每年十月以後，總有四、五千隻雁鴨科集聚。主要以小水鴨、琵嘴鴨和尖尾鴨為主。近年來，由於河沙淤積，地形改變，小水鴨有往新店溪上游避冬的傾向。如今，永福橋、中正橋和華中橋都有小水鴨群的紀錄，後者的數量更有凌駕華江橋的趨勢。

新店溪河邊右岸的公園甫施工完成，栽植了些正冒芽的柳樹新株，還有一些灌了水泥的假石塊。一些野生的羊蹄、咸豐草和野塘蒿等雜草，勇健地從整理過的草地冒出，吸引了我的注意。常見的姬蜘和赤腳鬼蜘尚未看到，也許明年草長了，有些灌木，情況會改善。

把焦點放回新店溪上。滿潮時，華中橋右邊的溪面，冒出許多由水蠟燭形成的浮洲，也有些許小喬木和灌木叢為主的小島。台灣的河系裡，河中島並不多見，綠色的更是稀少。未料到這兒竟有一系列，連綿兩、三公里之遙。乍看到時，眼睛為之一亮。這些島看來不易被人登陸，除了一座較大的，設有小茅屋。但也不知那茅屋在那兒做什麼，因為島上並無菜畦。

一個被水面包圍的無人小島，總會引發自然觀察者美好的想像，像作家的觸景傷情，不斷有文思泉湧的靈感。我也不免俗，激越地研判，冬天退潮時，鷺鷥科和鷸科水鳥應該會加入覓食的行列。而夏天的繁殖季，這些小島將成為褐頭鷦鶯、灰頭鷦鶯、紅冠水雞的隱密家園，甚至八哥之類也會在此覓得適當的巢位。這兒無疑是一個荒野失樂園，而這個豐富的生態環境，竟位居台北盆地中心。

依我個人旅行淡水河系的經驗，整個淡水河系下游經過市中心，最美麗而開闊的河段也非此地莫屬了。這裡能成為動物棲息的樂園，無疑是台北市民的福氣。

再往前行，許多單筒望遠鏡架立在瞭望區。一群賞鳥人議論紛紛，正在談論眼前一隻罕見的遊隼，停棲在河心島嶼的高壓塔上。我從單筒望遠鏡裡細瞧，遠遠地看到著這隻猛禽的胸部有明顯地縱斑。初次瞧見，研判是一隻亞成鳥。後來對照圖鑑，果然是其特徵。牠睜大了一對犀利的眼睛，四下瞭望。羽毛雖被寒風吹打得有些零亂，依舊怡然自信。

一位住在萬華的當地賞鳥人林再盛，在此調查了三年。他發現，去年十一月，這隻遊隼即飛來華中橋畔渡冬，春天時才離去。許多在此活動的賞鳥人，都認得牠。遊隼是飛行速度特快的猛禽，少有鳥類能及。

那天下午，另外一位家住萬華附近的鳥友王力平，發現高壓電塔附近出現了另一隻。來的是隻雌鳥——遊隼的雌鳥比亞成鳥小，他一眼即認出。可能雌鳥想侵占那亞成鳥的地盤，這對遊隼曾相互追逐、打起架來。

王力平的觀察相當犀利。他特別跟我說，這隻亞成鳥已經是第二齡。去年第一齡只有縱斑，現在是上胸縱斑，近腿部為橫斑。去年，他也做了統計，整個淡水河域渡冬的遊隼，總共有四隻，除了華中橋，華江橋、新海橋（大漢溪）和關渡各有一隻。

我們看到遊隼落腳的位置是牠進餐的地方。適才，牠試著捕捉鴿子、追趕小白鷺。後來，捉到了一隻白頭翁當早餐，甫吃飽而已。

至於睡覺的位置，似乎是在靠近岸邊的另一座鐵塔。整個河段就這麼一隻，就不知牠和小水鴨之間的關係如何了？遊隼獵捕小水鴨，在國外的報告經常有記錄。如果牠在華中橋也靠此維生，是可以理解的。何況目前的紀錄裡，每次都是小水鴨先到，牠跟著飛臨。小水鴨走了，牠也離去。後來，請教猛禽專家林文宏，他對我的這種大膽假想，持相當保留的態度。如果有獵捕小水鴨的行徑，恐怕也非主食。

隔天下午，天氣終於放晴。我走上華中橋拍照，順便欣賞整個新店溪下游的大場景。走抵橋中時，約兩點半左右，潮水似乎正要上漲，但可清楚鳥瞰橋墩右邊泥質灘地的全貌。這塊泥灘的面積比我想像的還寬闊，足可比擬關渡沼澤區了。假以時日，溪床生物豐富時，鷸科水鳥恐怕也會飛抵這兒。

接著，我又到左邊俯瞰。遊隼停棲的高壓塔小島，正浮露河心。岸邊有些泥灘地，可供水鳥棲息外，都是溪水了。據說原先左岸並非如此景觀，是低水護岸造成的結果。

這個河段最大的問題，如今也在低水護岸了。滿潮時只剩銀亮欄杆的護岸露出，不僅破壞了原來河岸泥灘的多樣化環境，造成許多泥沼、浮洲、水草和水生植物的消失。相對地，人類和野鳥之間，減少了可以緩衝的植被帶，難怪雁鴨離我們愈來愈遠。

去除低水護岸，恢復過去泥灘的多樣化勢在必行。傍水而生的蘆葦和水蠟燭，才能有沖積的泥土，提供孕育、生長的空間。陸域的先鋒性樹種，諸如血桐、構樹、山黃麻以及象草，也才能茂盛，共同將此綠化成天然的溼地公園。

天氣雖晴朗，河口灌進的河風卻相當猛厲。我未戴帽子，沒多久，頭便開始疼了。準備收拾背包時，一隻大鳥從中和的河岸飛出，在風中鼓翼。這是猛禽的特性，會是那隻亞成鳥遊隼嗎？眼睛一亮，仔細看，暗褐之硬背，堅毅之短尾，果真是牠！

旋即，牠逆風拍飛，抵達小島上的高壓塔時，才緩緩降落。

不知牠今天的早餐吃了什麼？是這兒相當常見的紅鳩呢？還是白頭翁？牠還年輕，想到以後每年冬天來此觀鳥都會遇見牠，心頭便浮升起一陣難以言喻的，與朋友有約之喜悅。

（一九九四·二）

磺溪之旅

邀請出身自然步道系統的陳健一共同前往磺溪做現場觀察。有他在旁一起解讀，跟現場環境的對話，往往都會熱鬧紛紜許多。

先搭公車至天母游泳池站下車，沿著克難街走不到兩、三百公尺，明德橋邊的磺溪就橫陳在前，新設立的蘭雅國小坐落於左岸。日後，這個小學和另外兩座，士東和明德，都相當適合跟這條鄰近的小溪產生有趣的互動。

為何會有這種說法呢？因為最近獲知，這條溪附近營業的一家食品藝術公司，為了回饋社區，正在發起一樁重建磺溪活動。他們嘗試以這條流經天母的小溪為主題，結合當地社團和溪邊的學校，將它逐步美化。最終的目的很小，只是讓磺溪的休閒景觀能和各項藝文活動結合，成為其他社區的表率。

不知道地方性參與團體對「美化」的定義如何界定的？我和陳健一踏上明德橋時，純粹是以走自然步道的心情出發。

羊蹄、葎草、野莧、魚眼草、昭和草、咸豐草、紫背草等常見的野生植物，逐一在溪岸出現。不同的植被，因著生長的位置，衍生出各種意義的符碼。我們暫且視而不見，把興趣集中在全株如絲線糾纏，黃澄澄的菟絲子。這種海邊和河堤容易發現的寄生植物，在盆地其他郊區並不易見到。整段河域走完，少說有四、五叢，活絡地攀附於其他植物。如果長時不干擾，它們或能成為磺溪具有代表性的植物。

橋墩下有不少洋燕來回梭巡，現在是四月，牠們可能會在橋下繁殖嗎？也許，附近的小學生可以把牠們做為繁殖季觀察的對象。我正在思索這個問題，赫然發現一隻鳳頭蒼鷹，壓低著羽翼，迅速掠過溪岸。根據過去的經驗，這條溪出現猛禽類或奇特鳥種的機率甚低，但才踏上溪岸，事實已超乎我的研判。

從右岸的榮華公園起，磺溪兩岸都有水泥步道，和旁邊的車道隔了一個野草地的小斜坡。草地上的斜坡，市政公園處栽植了柳樹、銀合歡、榕樹和杜鵑等，各種野草灌叢也摻雜在裡。食品藝術公司等團體計畫中的步道路段，大抵由附近克難街的明德橋到天母西路的磺溪橋。

除洋燕外，站在溪岸時，短短三、四分鐘內，我又聽到了褐頭鷦鶯銀鈴之聲、灰鶺鴒的輕快鳴叫、烏秋的婉轉啁啾，以及白頭翁和紅嘴黑鵯的聒噪鳴啼。甚至有一隻鷸科水鳥的探路先鋒磯鷸，從橋墩掠過，發出高昂而清澈的水鳥之聲。雖然才十種左右。對一條流過鬧區的小溪，卻夠多了！

牠們也都是可預期的普通鳥種，但這是很美好的情境，各類的鳥鳴搭配著磺溪的溪聲沓沓，呈現了和諧的動態之美。鳥類的肢體語言和鳴聲，常使一條溪充滿廣大的豐富生機。這樣的場景再度於交通繁忙的市區出現，總讓我感動。

更教人驚喜的，我聽到了「苦啊！苦啊！」的連續鳴叫，我興奮地跟陳健一說：「白腹秧雞！」

隨即，我們把目光放到帶著硫磺色澤的溪水上。這一段溪邊，兩岸都築了完整的水泥護坡，具有良好的防

洪功能。野地植物艱辛地從水泥坡地冒出，零星散落在河岸兩邊。河岸沒有大面積的沖積地形。從這下游的地理環境，可以合理推測，磺溪上游會是如何的情形。它源自陽明山的大磺嘴山區，並無山坡地破壞之情形。溪水流下來時，未挾帶太多泥沙，多半是硫磺和氧化鐵之類的礦物。它若有污染源，單純地只是家庭廢水和垃圾。我們抵達時，旁邊的榮華抽水站正在排放污水。

泥沙不多下，水湄邊除了一些垃圾淤積，只有些面積不大的沙洲和草叢灘地露出。最大的一塊在一處轉彎的堆積坡，大約有二、三十公尺的狹長地帶，生長著巴拉草和芒草為主的茂密草叢。發出鳴叫的白腹秧雞，就在巴拉草邊的水灘散步呢！

唉呀！這個繁殖季，一隻白腹秧雞在磺溪邊的草叢，發出「苦啊！苦啊！」的宣示叫聲。牠會不會在這個小小家園築巢，一如棲息於公園的小島，日後帶著幼雛出現？或者這只是個過境的地方？如果有小學生，只要一位，上下學時，在這兒有心的長期觀察，他應該會告訴我標準答案。

有隻早來的薄翅蜻蜓正在溪上梭巡。再過一陣，羽化的數量會更多。牠們應該是來自附近的水塘或池子。我猜想，目前磺溪本身的水質，恐怕難有蜻蜓的幼蟲存活。根據當地人的回憶，十幾年前，這裡還有溪哥、苦花等魚群。

後來，在磺溪橋左岸，一處蓮霧果園下的泥沼地（或許是一條小支流？），我看到了今春的第一隻霜白蜻蜓，正在飛撲蚊蚋等飛蟲。牠暗紅的粗大腹部加上黑色的胸部，異常醒目地閃逝在污濁的水域上。那兒或許會被視為髒亂的荒地，所以堆了許多廢土，不久就會整個消失。可是，我卻視為發現新奇物種的所在。磺溪兩岸太多人工化的社區環境，這個果園讓我眼睛一亮！

說到昆蟲，一路上的草叢，最多的是六條瓢蟲。現在似乎是這種常見瓢蟲出沒的時節，還有即將羽化的成蟲、終齡幼蟲停棲在大花咸豐草上。成蟲多半活動於草叢，或集聚於柳樹等喬木，捕捉蚜蟲。相對的，也有不少黑山蟻，明顯在保護這些小蚜蟲的安全棲息。

一如台灣各個城鎮的街道、角落，台灣紋白蝶繼續在一樓以降的高度翻飛著，仍然是春初時最活潑的飛行者。其他蝴蝶相當稀少，但縱使天氣更好，以這兒的植物蜜源來說，實在難以吸引多種蝶類的到來。我會建議社區的住民，不妨在岸邊多種些馬纓丹、冇骨消等善於開花的蜜源本土植物，吸引其他蝶類的到來。

我們也注意到，溪邊住家的庭園景觀和溪岸景觀的互動關係。如果要強調社區聚落的生態意識，住家庭院外來種的樹種、盆景和奇石等，無疑也是磺溪的景觀資源。我個人並不特別反對外來種物種的栽植，但外來種植物應該能展現它和當地環境季節的關係。陳健一舉附近的印度橡膠樹為例，這種不開花的外來種，生長迅速，卻永遠是一種模樣。偌大的樹在那兒活著，卻毫無生命的力量，恍若啞巴。

河堤左右有一、兩座水閘門，正大量地宣洩著地下水。這些水閘門意味著什麼呢？我們熱烈地談論著。就像作家舒國治最近的作品《水城台北》，台北盆地早年布滿各種小溪。每一座水閘門的前身，想來都有一條流入磺溪的小溪流。在光復初期或日治時代，農田到處的盆地，每條小溪和附近的住民，都有著灌溉、飲用、排便、洗濯等親密關係。但整治後，稻田消失，原先的溪流都成為排放污水的下水道，上面則形成彎曲的街道。人和溪之間的親近消失，只剩下水閘門，宣洩著這殘敗的感傷記憶。

過了簡便鐵橋以後，自然環境開始複製著自己，很難再發現新的物種。這是它做為一個自然步道或休閒景觀的障礙。也許，規劃者應該區段性的種植不同的原生物種。現存的植被裡，最讓我疑惑的，無疑是大花咸豐草的大量繁衍。這種長相近似咸豐草的外來種，目前已成為岸邊最為優勢的族群。

抵達天母橋前，發現一些三、四十年的紅磚老屋聚落，夾在公寓大樓間，有些正在拆除。未來幾年，整個聚落想必會自溪邊消失吧？這是我們走這段溪，發現的唯一一處老聚落。在溪流未整治前，想來它便是傍著磺溪生活的村子。它們正處於一個尷尬的階段，像報廢的中古車，還無法成為人文古蹟，也無法融入整個現代社區的活動裡。這些靠磺溪生活的早期居民如果搬遷了，無疑是本區早年開拓史的結束。

社區有歷史，社區的文化會更增加豐厚。這種小區域歷史的積累，無法指望政府部門裡人力資源薄弱的文獻會和文化中心，只有靠社區住民的覺醒和實踐。

對岸有木棉開花、結果，更有雀榕落葉，形成落英繽紛景觀，但它們都未構成吸引我的條件。過了天母橋後，我看到了最漂亮的樹種，盛開著紫花的苦楝。這種岸邊野生的樹種並不多，但愈往上游走，數量逐漸增加。在溪邊，偶爾也會看到少數幼苗和小葉桑、台灣欒樹自草叢裡冒出。這種具有強烈本土色彩的樹種，基隆河下游北岸生長不少。我相當期待，苦楝會是這兒的代表樹種之一。

準備規劃的步道終點在天母西路的磺溪橋。抵達時，不禁好奇地走到橋的另一邊，想看看更上游的景觀。赫然發現，這是另一個不同於前面的自然景觀，兩岸無水泥護坡，溪底有被硫磺礦物長期浸染的卵石。卵石是原先在溪中橫躺數千數萬年的產物。這是規劃中溪段所欠缺的，過去應該分布許多，但整治時，因決策者無知，被挖土機鏟除，破壞了既有的溪景。

除了卵石，兩岸也形成長滿原生植物的自然殘留林。上面有山黃麻、苦楝、血桐、構樹等高大喬木，樹下則有各種蕨類和耐陰的物種，譬如青苧麻、山蘇花、月桃、秋海棠、鴨腳木等，這些都不是前段溪流看得見的物種。最興奮的是，看見了北部河邊甚少看見的蓖麻。童年時，到大肚溪口，母親告訴我，日治時代物質缺乏，都用這種植物的種子提煉機油，潤滑零式飛機的零件。

我們繼續沿左邊溪岸，往上走了一小段。回想磺溪未整治前，想必就是這樣美麗的自然殘留林。也可能，整個天母都是。但一般社區的人能接受這樣原生的自然風景，還是被整治規劃過的水泥護岸呢？我試著問陳健一，結果，兩人相視苦笑。

我們都很清楚，一般人接受「美化」的溪流，絕不可能是擁有原始殘留林的磺溪！

磺溪上游的原始林相，讓我想起百年前遷來此地的平埔族——毛少翁社。台灣史學者伊能嘉矩在北投訪查時，曾提到這個社群因躲避洪水，早年從社子島附近搬移到紗帽山山麓高處。古道專家楊南郡在譯註伊能嘉矩之《台灣通信》[1] 時提到，遠在郁永河（一六九一）來台之前不久，台北盆地大地震，毛少翁便搬遷到南磺溪東側的三角埔——現在的天母南側，那兒屬八芝蘭（士林）範圍內。這個重要的訊息告訴我們，磺溪的生活歷史並非如我們想像的單薄。這條溪流兩岸，還有許多自然志值得廣尋，深挖。

（一九九五．四）

1《台灣通信》／伊能嘉矩著，楊南郡譯註。北縣文化三十八期．一九九三。

小綠山紀錄

八月末，在稜線發現一棵虎皮楠的嫩葉突然全部凋萎了。整個小綠山山頭不斷地有樹木枯死、倒地或發芽、換葉，為何獨獨對這棵虎皮楠特別注意呢？因為它是這座海拔五十公尺獨立小山唯一的兩棵虎皮楠。六月初時，這一棵意外地遭到登山人砍伐，原本高達兩公尺的樹身，頓時只剩一根低矮、光禿的樹幹。一個多月後，它才重新慢慢地冒出淺綠的、葉端乳凸狀的新芽，有了一絲復活的生機。

再度發現它遇劫時，還以為是遭野狗啃咬，或有登山者對著樹身灑尿。隨即恍然明白，它已許久沒有獲得充裕的雨水。九月初，突然一場小陣雨，也來不及挽救它的小命。漸漸地，嫩葉更加蜷縮、轉黑、掉落，又剩下光禿的樹幹了。

虎皮楠是台灣各地低海拔常見的樹種，生長位置就在山稜線的多風處。這一棵會凋萎並不代表其他虎皮楠也有同樣的遭遇，畢竟它只是一棵夏末才從老幹出生的幼苗。

但它是個徵兆！情況遠比我想像的還要嚴重，虎皮楠的枯死是整個山頂缺水的第一個預警。未過多久，虎皮楠旁邊的九節木也漸漸枯萎，一片片肥厚粗大的長橢圓葉片，像過度勞累般地包起自己。不！不只它，附近的九節木都有這種跡象。九節木素來喜歡在森林下的陰溼環境生長，它們竟會率先枯乾，我豁然驚覺，整個山頭和台灣一樣，正嚴重地缺水。

兩個月前，一位植物學者來觀察小綠山後跟我說過，這個萬芳社區旁以相思樹為主的山頭，正朝著香楠林帶的成熟林演化，它的林相是台北盆地南邊近郊山區的典型。就不知道這樣的代表性是否可成為森林枯水的指標？

整個山的枯乾無疑是從稜線開始的，而且是從最受到陽光照射的地帶。虎皮楠和九節木之外，一些生長於稜線上，根莖不善於儲存水份的毛蓮菜、野牡丹、小西式灰木與蕨類都逐一放棄起自己的葉子，緊守住根莖。形容最慘的是毛蓮菜和正蕨。可以當野菜救飢佳餚的毛蓮菜，屬於草本，沒有枝幹，一經凋萎，整株猶如癱軟伏趴於地面的野狗。正蕨也一樣，彷彿經過一場火災的洗禮，捲起焦黑的葉子，只存枯枝蜷縮於根莖之部分。

九月中旬以後，九芎、白匏仔和血桐等優勢的林冠樹種，感知秋天的到來，落葉加速了。原本濃密的林相變得稀疏，陽光進入林子的空間更多，這些樹種的枯萎相更是難看。連較耐旱的燈稱花、黃肉楠和圓葉雞屎樹等，都加入了缺水的行列。

這時節走過山徑，走在淒涼的寒蟬聲裡，看著林冠上層枯葉為迎接晚秋紛紛掉落，而下層的林叢卻在缺水中待死，不禁有了滿山蕭索的印象。

小綠山邊的小坡池更讓我心驚。春夏之交，水位豐盈時，水草連天，行人難以穿越。到了九月中旬，水蠟燭、長梗滿天星都自岸邊撤退，裸露地盡是一些枯褐的殘株敗莖，它的寬度猶若一條沿池公路，我已經可以輕鬆地繞池一圈。

因為缺乏雨水，喜歡結集成群的薄翅蜻蜓，早已離開池面。這種代表秋天到來的昆蟲，如今散落在各地的草原，漫無目的的遊蕩。只有一些從出生就梭巡水岸的赤紅、杜松、猩紅和霜白等蜻蜓，繼續在池邊棲息。倒是有一些蝶類，如三線蝶、小灰蝶、青帶鳳蝶也常常飛到岸邊汲水。

鳥群也一樣。白天時，小綠山鳥群裡唯一的黑枕藍鶲家族，大概是和這個池子的關係最為密切。九月時，這個家族的成員約有五隻。成鳥一對，以及牠們的第二代幼鳥三隻。牠們經常利用覓食的空檔，在抵達林子邊的池面時，如魚狗撲魚般，從半空飛下來洗滌，再迅速飛上枝頭梳理羽毛。

其他鳥種沒有藍鶲的飛行技巧，但還是要用水，牠們去哪兒找水源呢？這是我在枯水期最大的好奇。前幾個月，在林子裡深處，我找到一塊隱密的小水塘，猜想那兒，大概是其他林鳥，如小彎嘴、山紅頭和一些個性膽怯的大鳥常去的位置。這些大鳥有黑冠麻鷺、翠翼鳩。最近，小水塘乾枯了，住了一條大頭蛇，每天等著不知情的小動物去那兒送死。

機伶的鳥群自然不會去了，但牠們的習性隱密，視野寬闊的水池似乎也不適合前往洗滌，這時又要如何獲得其他水源呢？像黑冠麻鷺和翠翼鳩絕對有能力拍翅，飛到更深遠的山區溪澗，水源的問題難不倒牠們。麻煩的是那些和黑枕藍鶲們一樣始終住在林子周遭，把這個山頭當成家園的小彎嘴和山紅頭。當林子的地面無水源時，枯乾的竹子可能是牠們探尋水源的新地方。因為竹幹有節，竹心中空，可儲存大量雨水。

有一次，一隻小彎嘴跳到一根看似枯乾的竹筒，不斷地從黯黑的洞槽汲水出來。我還見過，四、五隻山紅頭輪流跳進一根半懸在空中的枯竹筒裡，猜想裡面大概儲滿了雨水。每一隻山紅頭進去時，都洗得水花四濺，出來的則高興地在四周梳理羽毛。甚至一回不夠，再跳進去浸洗。

但這一枯水期的初期情形並未維持多久。如今竹子的水用光了，小鳥群又改變了尋找的對象。除了數量有限的晨露，牠們也從漿果裡獲取水源，像水同木和薯豆等成熟的漿果，都是咬了會迸出許多漿汁的誘人食物。可是，從果實和露水所能獲得的水量，只能暫時作為解渴之用，久了還是無法解決洗滌的問題。雨水再不落，小水塘不恢復舊觀，或一些小山溝無溪水，牠們遲早還是要離開家園的。

（一九九三・九）

萬芳社區的故事——抱仔腳坑自然志

從比例一萬分之一的地圖，以及幾位當地耆老的訪談中才大致清楚，萬芳社區位於福州山和抱仔腳山間，一處標高一四〇高地的所在位置。

它原本是一塊面向南邊的山坡地。最靠近捷運站的山腳，過去有開採煤礦的遺址，叫大豐煤礦。目前仍有老舊宿舍，以及殘破的採煤廠房、機器等設備留存。同時，還有巨大的地下坑洞，筆直地伸向一四〇高地，清楚地告知著，這是一個早年採煤的山區。

此外，從山上零星的茶樹，還有耆老指證歷歷的回憶裡，我研判這兒也是早年採茶、運茶的要道。

產煤植茶的環境，在木柵地區相當尋常。這一地景也告知了，以前的住家想必

■萬芳社區周遭環境圖

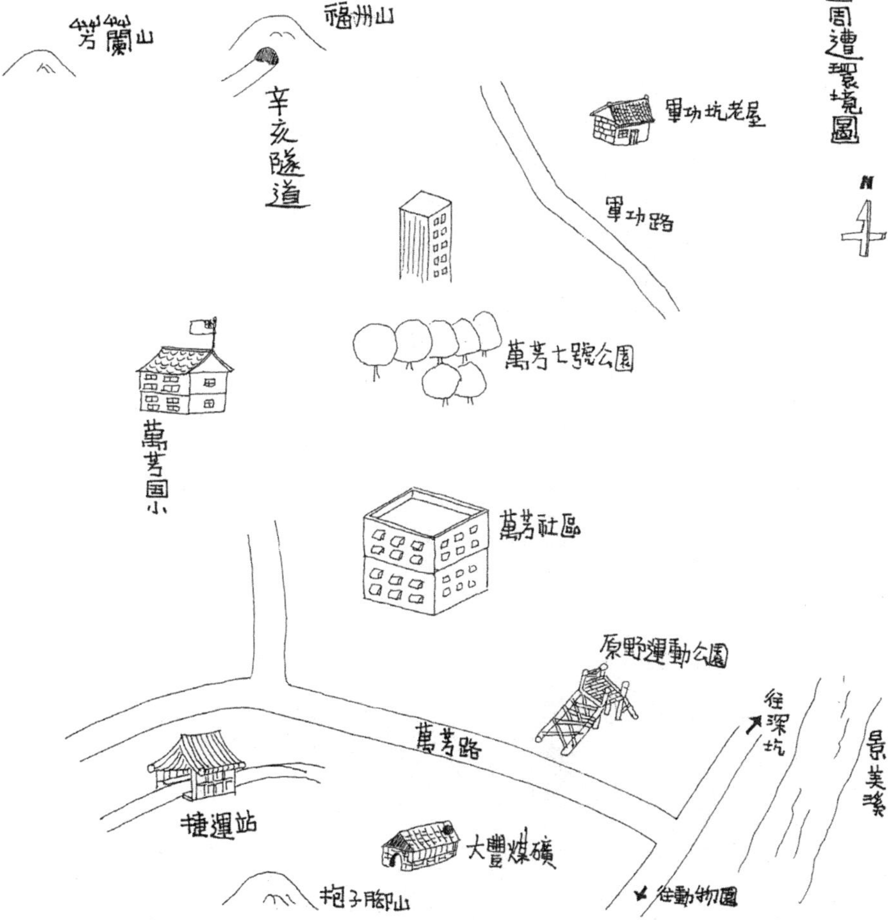

N
芳蘭山
福州山
辛亥隧道
軍功坑老屋
軍功路
萬芳七號公園
萬芳国小
萬芳社區
原野運動公園
往深坑
景美溪
萬芳路
捷運站
大豐煤礦
抱子腳山
往動物園

相當零星。萬芳社區還未出現前，早年山地的紅磚房子就只有六、七家，集中在今天的萬芳路上，圍聚在煤礦區。這些比煤礦區更早落腳的聚落，曾和煤礦區的小聚落，在五、六〇年代，短暫的共存過。

萬芳社區的前身，尚有明顯脈絡的地方歷史，應該就是這些點滴事物了。

我們如果以這個時間為準則，當時少說有三條對台北聯絡的重要管道。最右邊的一條是軍功坑產業道路。這條舊路沿著今天軍功路下方的小溪，先溯溪而上，再翻過莊敬隧道的山嶺，下抵六張犁。

還有一條，主要是沿著興隆路，來到福州山系時，翻過了蟾蜍山和芳蘭山之間的鞍部凹地，前往公館。日治時期，採茶的人，或者是木柵地區生活的農民，不少人是走這條路線。

另外一條，或許該稱為產業道路。運送貨物者可依靠大豐煤礦的採煤鐵道，銜接景美溪邊深坑至景美的輕便鐵道。再到景美車站，轉搭艋舺至新店的支線火車。

事過境遷，如今佇立於一四〇高地的萬芳社區，想必沒有多少居民有興趣了解這些往事。他們或關心自己的權益一如其他社區，但視野只及於公共設施的興建。

爭取運動公園的重要絕對遠超過舊村落的體驗。早年的這些史蹟遺物，短時間內，無法具體地和當地住戶形成有趣的人文互動，或者成為珍貴的文化資產。它必須透過長時間的在地教育。

八〇年代以來，這個社區一直是市政府規劃社區的重要指標區。在中國時報的新聞資料室，我抽出相關的檔案閱讀時，發現有關它的社區新聞特別多，主要包括了社區的開發、抗爭等等生活品質問題。資料室的編輯還專門製作了一個檔案夾，獨立於台北其他社區之外。

這個新興的社區由於位在山坡地，幸運地擁有比市中心社區比例較大的綠色空間。不論行道樹、公園綠地和遊樂場等公共設施，都比較完備。

前幾年，在社區意識的發展下，居民對當地自然環境資源的利用，覺得可以發揮地更加有效，於是在都市專家的支持下，提出了人行步道系統改善計畫的構想，其中一項是綠色步道的規劃。

主持這些案子的住戶劉毓秀、王順美等都是社區媽媽，也是大專院校老師。我向他們打聽後，這才確定，原來以前我到萬芳社區保母家裡接孩子時，經常翻山越嶺走過的小路，就是其中一條。

這一綠色步道區域，位於萬芳七號公園背後山坡地的小森林，夾在萬寧街和萬美街之間。目前有兩處路段崩壞，只剩公園旁的小徑步道尚能上下往來。而活動中心大樓對面的步道尚未整修完成，形成整體性的自然步道區。

如果從生長的植物研判，這塊林子的林相並不豐富，不過是座十來年歷史的小森林。社區興建完工時，最早來定居的住民也說，當時這裡經過整地後，幾乎都是芒草林相，正好符合我的觀察情形。

但經過十幾年的生長，這片以相思樹為主的林子，外貌有了蓊鬱之相。當然，仔細觀察，還有常見的向陽性植物：山黃麻、山鹽青、血桐、白匏子、構樹等，形成林冠上層的植被。較為隱密一點的地方，也有錫蘭饅頭果和九芎等。唯獨適應潮溼環境的植物，如水同木（豬母乳）就少了。而林相茂密的指標植物如杜英，在林道也未發現。不過，我曾記錄山稜線的植物，大頭茶。

蕨類方面，筆筒樹不若台灣桫欏多。更清楚地告知了，它尚未形成隱密的森林。而且林冠下層的灌木區，多半為向陽性蕨類占據，缺少其他灌木和小喬木的林相，諸如九節木、天仙果等。經常走過的小路上，我也發現過四、五棵枯木，大概都是向陽性植物的殘骸。

此外，綠竹林、菜畦和果樹都不少，顯見這裡被人私下濫墾頗為嚴重。從遠處觀之，都能看到森林中空的景象。

這個步道區域沒有大面積的水池，只有兩個人工的小窪坑，不過兩平方公尺。遇雨積水，裡面有蝌蚪和蜻蜓的幼蟲棲息。

鳥類方面，我在附近的山區記錄過六十種鳥以上的種類。這裡環境雖顯貧瘠，但少說該有三、四十種。王順美老師還提醒我，曾經記錄過赤腹松鼠。

整體觀之，林冠上下層都顯示了，這個森林才剛剛脫離芒草原的形態一陣子，但尚未形成像小綠山那樣的次生林樣貌。小綠山位於一四〇高地的西北坡，我在那兒觀察了三年之久。小綠山的林相少說有三、四十年的景觀形容，林子內可以發現兩人抱的香楠，自然環境可媲美不遠的名勝風景區——仙跡岩。在此，香楠都還相當瘦小，不足一人摟抱。

環境小，演化時間又短，生物資源自然不夠豐富。但有一回，我試著翻開樹皮，赫然看到了長達十來公分的大型蜈蚣。這是我在附近山區旅行三、四年來，首次遇到。對這個十來歲小森林的獨特性，自是不敢小覷。

我最感好奇的是黃槿樹，在步道旁成排出現。它們形成了這條步道的「綠色隧道」。黃槿是海邊的防風植物，雖然在開發的山區偶爾可見，但為何會形成林子般的集聚，便有些離奇了。

綜觀附近的山頭，並未有如此景觀。景美溪離此並不遠，這種植物有可能沿溪上溯。但為何其他區域都未看到，這現象讓我百思不解？更何況，景美溪畔幾乎看不到黃槿的身影。

在此，容我再扮演福爾摩斯的角色。

先前說過了，萬芳社區又叫一四〇高地，這是現時的稱呼。以前，它還有一個頗有意義的土名，叫抱仔腳坑，大概這裡位於南邊抱子腳山下，形成坑谷地形才會如此取名。從抱子腳坑，沿著景美溪右岸，它有系列的山坑，依序如下：軍功坑、坡內坑、灰窯坑、大竹林和福德坑。每個坑內都有舊時茶路或保甲路。

抱仔腳山海拔約一百三十三公尺。我進一步猜想，抱仔可能是朴仔近音的關係。

如果研判無誤，過去附近的環境應該有不少朴樹才對，或者是，至少有一棵特別高大醒目的關係。

但問題來了，到底這種閩南語的朴仔，是否為過去庭院常栽種的朴樹呢？根據附近的地形和人文歷史研判，可能性甚低。一般人也不可能以外形不甚突出的朴樹做為地名之稱呼。

後來，我跟同好陳健一提出這個問題。結果，沒多久，他給了一個明確的提示。原來，朴仔，也稱之為樸仔。更多時候，鄉下人稱為朴仔的樹就是黃槿。

好了，這下答案隱然揭曉。我們隨便翻開一本植物書籍，凡是有介紹到黃槿的，大概都會提到它在民俗上的意義。縱使不用書本，老人家也都有相當熟稔的情感。連日本民俗學者國分直一在《台灣民俗學》裡都注意到，這種樸仔開黃花，和林投是海邊的重要防風林，也是理想的遮陽樹，樹葉可以包粿。

看到上列的敘述，我想黃槿的身分八九不離十了。如此，我在萬芳社區所看到的這十來株黃槿，莫非是早年這個地方山坡的重要景觀，在開發之後殘留下來，因而被本地人稱之為抱仔腳坑？

面對這條步道的林相，我也給它一個初步的總結：它是個和萬芳社區一起成長的森林，因為社區的興建時間，正好和它的出現同期。當萬方社區第一棟住宅出現時，正好是這座森林重新出生時。

它的林相相當年輕，對一個自然觀察者而言，物種或許不如附近山區的複雜，但對一般社區的居民來說，已具有足夠的自然內容。無論是荒廢的空地、菜畦、綠竹林、水池、森林以及人行道，都提供了不同的面相。

更何況，年輕的林子易於維護。尤其是規劃為自然步道時，路途簡短而方便，上下都有街道和人行道，最適合親子教學，以及社區居民平日的利用。

（一九九七．八）

Chapter 2

盆地邊緣

金山人猶若是生活在海岸的生物……
無論如何對內陸發展，
他們繼續和大海維持著微妙的關係，
就像他們的祖先一樣，
縱使不出海了，
依舊在兩棲生活。

老基隆紀事

最近到基隆港，重新踏查了一位英國人百年前旅行過的路線，檢視他當年報導所見到的人文風物，和現今的景觀做了一番比較。

這位英國人叫布里基（Cyprian A. G. Bridge），真正的身分為何已不可考？按當時旅行者的時空研判，可能是一位駐中國大陸的領事、海關人員，抑或是處理相關事務的職員。我曾翻譯過他的一篇文章〈在福爾摩沙的一次旅行〉（A Excursion in Formosa，一八七六），主要是描述基隆地區的報導。這篇文章，後來收錄在我的《後山探險》（一九九二）。根據敘述，他的旅行時日在一八七五年五月。由於自強運動，清朝希望引進更好的技術，開發台灣北部的煤礦。前個月，一位英國技師翟薩和四位礦工才獲准進入北部的煤礦區。

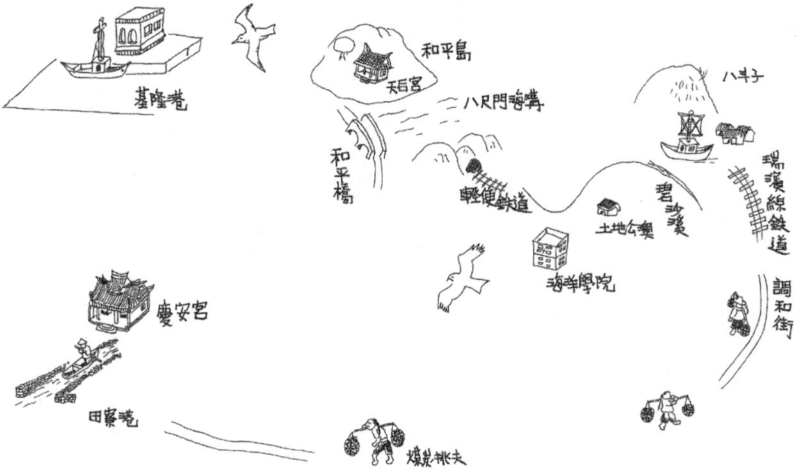

布里基的旅行是在這樣的背景，才能在一邊視察煤礦，準備給予清廷意見下，一邊完成他愉快的鄉村之旅，寫出一篇當時有關基隆地區細膩而詳盡的風物報導。而在此之前的年代，外國旅行家最多只能在基隆港附近走訪，對北部山區的情況付之闕如。

布里基的旅行範圍明顯擴大。由基隆港搭船，從和平島登陸後，他沿海岸走到八斗子漁港。接著，深入產煤的八斗子山區。進而由八斗子山區走下田寮港，沿這條運煤的小溪回到港口。我的探查路線，主要也是按著他走過的這個方向，逐一尋訪。但和布里基旅行的時間相較，我前往的時間是六月初，稍嫌晚了一些。

和平島

布里基約在清晨六點搭船登陸和平島（即過去的社寮島）。他拜訪了兩個漢人聚落。接著是東邊和八尺門對望的平埔族小村——當時已有漢人混居。

在第一個聚落，布里基有一段形容頗值得注意。他說第一座村子，非常整齊清潔，不像過去所見到的漢人漁村，髒亂而污濁。緊接著，他參觀了村子裡一座「規模適當而坐落顯著的廟宇」。根據他的敘述，這間廟宇有點像漢人的三合院。我據此研判是建立於兩百多年的天后宮，主祭海神媽祖。它是基隆地區最早的媽祖廟。和平島漁民多，常要出海捕魚，自然要虔誠地拜祭媽祖保平安，因而信徒占多數。

不過，我眼前的天后宮位於和平國小旁邊，

一九四八年重新建立。舊廟在現今浮雲寺的位置，橫跨今日的平一路。根據當地宿耆陳水土的形容，以前的天后宮，果真如布里基的描述，規模像三合院，面對著大海。前方為廟，左邊設有私塾，右邊為老師宿舍。布里基來時，聽到了朗讀聲，無疑是天后宮私塾傳出的。布里基說這兒沒有漢人村落的典型髒亂，反而乾淨而整齊，想必與天后宮香火鼎盛，和社區產生密切互動有關吧？

但天后宮為何搬遷？原因是日治時代，和平島村鎮重新改建。天后宮位於改建地的要衝。陳水土說，「古廟犯路」，才被迫遷到新的位置。他描述了過去天后宮的規模，以及前面舊路的位置路線。我私下比較當年布里基的報導，竟完全符合。如今天后宮侷促一偶，位於狹窄的巷弄裡，對照以往，突顯了歷史情境的落寞。

榕樹

布里基抵達和平島時，曾經提到廟旁有一棵老榕樹。我四下詢問，其中一位宿耆吳文德，確切地告訴我，和平國小後頭還保存有一棵。他還特別帶我去檢視。那棵老樹果真還活著，就矗立於國小後的公園半山腰上。一棵正榕，板根清楚地纏勒著土塊，樹蓬也如傘般正常張開，把整個附近的天空全給遮蔽了。

吳文德再次強調，「整個和平島就剩下這棵老樹了。」

看到它時，我是有點失望的。整個和平島在重建的過程裡，為了開路，連天后宮都要遷移，可以想像布里基提到的廟前老樹，勢必遭到砍伐的命運。

提到眼前的老樹時，吳文德特別說，和平島的山上以前都種有雜糧，如大蒜之類，這棵老樹會保存，主要是日本人刻意保護的結果。

平埔族

雖然時隔百年，我和布里基似乎有著共同關心的焦點：凱達格蘭人。他們後來如何了？我向兩位老先生追問道：「這裡還住有平埔族人嗎？」

「有啊！以前他們都住在和平橋旁邊。」陳水土搶著回答，吳文德點頭稱是。他們的回答一如其他鄉鎮的老翁，在回憶往事時，往往無法有條理地回答事情，常常跳躍性思考，回答了對採訪者而言看似多餘的往事。

我繼續追問：「現在他們還在嗎？」

陳水土毫不遲疑地說：「還有一、兩戶人家。」

「在和平橋旁海產店附近！」

陳水土說：「對！他們都姓潘。」

但吳文德補充了一些意見：「都只剩下一些舊屋，沒有人住了。」

於是，兩個人像孩子般爭執起來，各自要對方認為自己是對的。

陳水土又強調：「我十五歲時，整個和平島平埔族、漢人，加上日本人、琉球人，不過兩百七十多戶。」陳水土今年已經七十五歲，他指的是一九三五年左右的事。

根據他們的說法，離開的平埔族人，有的遷到基隆，也有的移住八斗子，多半已經散去。歷史學者提到，和平島的平埔族人因為漢人的競爭，搬遷至宜蘭拓墾之事，他們都沒有印象。

和平橋

布里基結束社寮島的訪問後，搭小船越過一道狹窄的海峽，到對岸的小海灣去。這個海峽就是今天的八尺門海峽。為何取名八尺呢？原來是這條海峽寬度較小之意。

布里基越過海峽時，由於水勢急速，搭乘的小船還費了一番力氣。如今那兒的水勢依然不弱，但社寮島的居民早就無庸擔心渡海的問題。一九三〇年代時，兩邊已有和平橋連接，讓社寮島的居民對外的交通變得方便多了。

在布里基的時代裡，漢人稱此為基隆八景之一。過去即有「海門澄清」一詩，描述這個澄澈的小海峽，沿岸風光如畫。如今海水明顯受到油污影響不復當年，兩岸都是防波堤和碼頭。

布里基等一行上了小海灣後，那兒有美麗的黃沙海灘，海蝕岩岸以及豐富的熱帶林相。這個黃沙海灘和海蝕岩岸，讓我聯想起萬里、白沙灣一帶的金黃沙灘，以及東北角著名的海蝕地形景觀。我站在小港灣時，卻已看不到。現在的小海灣早被廢土掩蓋，只有一座龐然矗立的廢船廠，以及碼頭和防波堤。同時，有一處登岸的舊石階遺跡。

土地公澳

上了漂亮的小海灣後，布里基描述自己進入一處「狹窄的山谷」，山谷裡有水田。日治時代，山谷還有一條輕便鐵道，從八斗子鋪到八尺門。現在鐵道已經拆除，只剩舊山洞存在，成為當地住民堆積物品的所在。

布里基一行出了山谷之後，就是海岸。出了山谷，他看到岩壁上盛開著台灣百合，還有槭葉牽牛。目前，我只發現刺桐，以及海檬果盛開著白花。相信當年他來時，北海岸的海檬果也在開花，只是他不認識罷了！同時，他看到海邊有更為廣大的海蝕地形。如今迎接我們的是櫛比鱗次的低矮小屋，巷弄迂迴彎繞，狹處常僅容一人之身。以現今的位置研判，那兒無疑是銜接北寧路的海洋大學。我們若沿北寧路走，不要半個鐘頭就可抵達八斗子港。

海洋大學前哪裡來的海蝕地形呢？問了當地人才知道，這裡過去叫土地公澳。原本是個小海灣，但被大量垃圾填海，海蝕地形早消失，形成了海埔新生地，今天的海洋大學和操場都是建基於海埔新生地。布里基原本的路線為什麼沿著山崖前進？在於當時路線靠山崖附近。土地公澳之名，主因也是海岸附近有一間廟，如今那廟已拓建，築在原來的山坡上。

沿著基隆港海岸旅行了兩天，竟然只發現一隻老鷹，僅在海洋大學的操場前盤旋。基隆鳥會的賞鳥人沈振中，三年前敘述的二十幾隻老鷹族群，儼然如歷史名詞。

八斗子島

基隆地方曾流行一句俗諺：「水尾許、八斗子杜、三貂吳。」「八斗子杜」告知著八斗子漁港最早的開拓著姓杜。原來十八世紀末時，福建地方有一姓杜人家的兄弟，發現八斗子附近水域漁產量豐富。他們向原先的平埔族住民買下了七斗子和八斗子。後來，從老家搬來的人日漸增加。八斗子島附近姓杜的人家特別多，緣於此因。

八斗子原來是一座島，被一條十公尺不到的小溪——碧沙溪所橫隔，而與本島相隔。日治時代，為了在八斗子蓋火力發電廠，才沿著碧沙溪填土，築高溪堤，遂使八斗子島和本島相連。根據布里基的描述，過去的漁港應是面向東北的港口，而非現在面向西南，重新闢建的漁港。

布里基來到八斗子港後，終於看到煤和挑夫。從八斗子起的內陸山區，就是北部煤礦的精華所在。

調和街

從八斗子島出來，有一條街通往盛產煤礦的八斗子山巒（俗稱草山）。這條街就是調和街。但這條街出現時，煤礦已沒落。山區裡只剩一些舊而廢棄的礦坑，被荒草湮沒，或者殘留兩、三棟舊厝，如鬼屋般破舊而荒涼地孤立在芒草中。早年這條街尚未出現，布里基一行離開八斗子，開始辛苦地爬山。一如當地的漢人，必須翻山越嶺。他看到挑夫們辛苦地挑著扁擔，將開採的煤礦由此挑到八斗子島，或是田寮港，再靠航運出海。在這裡，我想起了布里基有一段精彩的形容。他說，這些漢人挑夫們如同螞蟻群，辛勤而忙碌地在山丘爬上爬下。

我設法站到一處山嶺的高處，如同當年的布里基站在山崗遠眺。四周盡是公寓大樓正在修建，難以想像當年美麗山巒的景觀。有一通往八斗子的小支線，瑞濱線鐵道在下方。這條一九六一年代才興建的煤礦小鐵道，依舊和調和街並行著，但隨著煤礦業的沒落，顯得孤寂許多。

田寮港（一）

翻過八斗子山的層層山巒後，布里基下抵一處開闊的平原，平原裡有一條小溪，漢人在兩岸修築了整齊的石壁，讓它看來宛若運河。這條溪就是今天的田寮港。漢人的挑夫將煤挑到這裡後，再把煤送到河上的運煤船，載到基隆港去。

日治時代，這條寬闊而筆直的田寮港被大加整治，兩岸修築行政官署、辦公大樓等大型建物，成為日本人居住的主要地區。時稱「小基隆」，有別於漢人的「大基隆」，昔時，日本作家西川滿便曾在此居住過，他許多有關台灣的重要作品，都在田寮港溪畔完成。

我在整治後的最上游地區觀察，那兒像是個堵塞的污水池，堆積著家庭裡各種廢棄的污物。原本寬廣的河道，在尾端突地變成一條窄小的巷弄之後的廢水溝，真難以想像當時的運煤盛況。

田寮港（二）

布里基沿著田寮港抵達河海交會處，在擁擠的漢人街道裡，看到一座頗具規模的廟宇。他認為，這座廟宇的建築外貌裝飾得相當俗麗。根據當地田寮港廟宇的建築年代，現在研判最有可能是慶安宮。目前，慶安宮正在整修當中，如果按布里基的眼光，那麼現在的慶安宮恐怕更加庸俗了。

田寮港（三）

午夜時，沿著髒亂的街道走到信一路邊的田寮港溪。十幾年前在這兒服役時，對這個城市髒亂而窄小的街道，印象至為深刻，如今沒有什麼改變。這個城恍若從未經過好好整治，繼續在一種污濁而脫序的狀態存在著，猶如一個得了長期肺癆病的病患。我繼續維持著，十四年前對它的不快。

這條筆直而寬闊的田寮港溪，經過日治時代的開拓、整修，顯得和其他街道不一樣。它開闊而明朗的空間，彷彿不屬於雨港的，陽光在這兒也顯得充裕許多。我喜歡堆砌兩岸的石壁護岸，但這樣斑駁的舊景所剩不多，兩岸多半是新砌的水泥了。

（一九九五．六．十九晴）

金山小鎮

十多年來，每次到金山從事自然觀察，都會抽空搭電梯，登上金山青年活動中心光復樓七樓的觀景台。從那四方形如城堡的樓塔，展望環繞金山四周的環境。在這兒鳥瞰，並不只是享受登高望遠，許多發思古的情緒，以及歷史困惑，都會伴隨著景觀自腦海浮升。

從光復樓望向西邊的山巒，系列的竹子山緩緩橫伸入海。總教人想起那些早年旅人的詩詞，十九世紀中葉北部著名的旅行文人林占梅，寫過一首〈金包里橫岡遠眺〉，便描繪出了這個區域的景觀之味：

「險峻金包路，籃輿不易躋；漁家看蟻聚，鳥道聽猿啼。沙霽田沿嶺，崖懸樹隔溪。明朝石門去，詰曲入雲迷。」

多麼寫實而貼切的自然景觀！但往事已矣，任何人的視野，再也閃躲不過那一座碧麗輝煌的寶塔。那是前幾年在台北市公車大做廣告的金寶山靈骨塔。它赫然而凝眼地矗立於竹子山系的山坡地，久而久之，竟成了此地的重要地景。

前往台北的陽金公路，便是從它眼前和磺溪並行而上。早年的魚路並非從這兒上溯。唯陽金公路接近山腳時，有些路段便和左邊穿過田間的魚路重疊。套用一句地理術語，魚路在這兒就被陽金公路襲奪，消失了。

我最喜歡觀景的角度在南邊，地景內容複雜而多變。聳立遠方天際的是國家公園最北的磺嘴山。從觀景樓遠眺，這座海拔幾近一千公尺的大山，頗有日本富士山特有的孤立和絕美。光線柔和、視野清朗時，常教我流連不去。近年來，一直有攀登磺嘴山的心願，想從那兒鳥瞰整個金山海岸，可惜始終無緣攀登到頂峰。五、六年前，我常遠望它，不外於思考魚路如何從金山街道出發，蜿蜒進入七星山脈。早年魚路尚未被人熟知，磺嘴山成為這個古道之謎的標識之一。如今魚路身世已揭曉，遠望時，腦海裡還是盤旋著到底哪條才正確。

夾在磺嘴山和眼前大片荒涼的公墓之間，有一叢叢白色公寓大樓林立著，那兒便是金山鎮。金山，舊時稱之為金包里。早先是北部平埔族凱達格蘭族移民至此，稱之為金包里社，以後漢人再將這社名轉譯而得。

通常到金山鎮上，都是從「大廟」慈護宮的方向信步而入。對這間主祭媽祖的百年老廟，我一直有著很深刻的自然志情感，總是想起英國博物學家郇和（R. Swinhoe）。

一八五七年六月時，這位台灣早年最重要的動物採集者跟一群英國水兵，從基隆港徒步，沿海岸經過萬里，越過圓潭溪（金包里溪主流），抵達慈護宮，在廟裡渡過了一夜，並和附近的村長見面。隔日，再穿過金包里街，沿魚路翻過大嶺前往士林。他是百年來唯一留下有關當年魚路狀況史料的人。不過，對整個慈護宮而言，他只是一名過客而已。我數度在慈護宮裡檢視，尚未找到任何蛛絲馬跡，足可證明這位旅者曾在此待過。

據當地人說，早年一些小船隻還可以從圓潭溪彎入金包里溪，開抵慈護宮前。現在的圓潭溪早已淤積，船隻已無法上溯。而它的主要支流金包里溪，也只剩下一條排水溝。近來到那附近稻田，我也忘了這段紀事，只是試圖從那兒尋找一些水鳥或紅冠水雞的蹤影。

我習慣由廟旁的金包里街走進去閒逛。老街的前段，左邊是二進的傳統式街屋，門面前還有連棟的亭仔腳，上了暗漆的木頭廊柱，通樑猶有樸拙的木雕。這是其他街道上難以見到的特殊景觀，蘊藏著老舊、而光線不足的溫煦。右邊則多半是日治時期的建築式樣，和現代的建築雜陳。其中一家中藥舖，仍保有存放藥材的舊藥盒，以及泛著暗光和污垢的藥桌，看來少說都有四、五十年以上的歷史，進入那兒似乎也回到了清末。我素來喜歡這種隨時會消失的古樸之味。不過，每回去，都有不少屋宇都在翻修改造，很懷疑它的容貌還能維持多少舊時容顏！跟其他地區一樣，街上多的是老嫗老漢，年輕人大概都到台北附近工作了。中午就近，在廣安宮廟前著名的鴨肉攤嚐鮮。這裡是傳統市場最熱鬧的地方，一般人喜歡鮮美的鴨肉，我獨愛清水灑煮的茭白筍，清脆勝過嫩筍。

慈護宮後的舊館溫泉，從日治時代以來就是觀光旅遊勝地。我對它的感情來自林衡道先生的一篇短文。那是一九五八年冬初，他來此觀光後，在〈金山紀行〉裡描述：「街外田野中一座簡陋的日式旅舍，便是溫泉旅社。其客室旁面為一大院子，栽著各種花林，很有風趣。這旅社雖然看不見海，但遠眺竹子、七星（筆者按：較準確說應為磺嘴山）的巒光、山色，風光卻也清麗。」可惜，這間溫泉旅社已毀，改建為新的公共浴室。

三十多年前，林衡道先生初到金山，熱鬧的街道只有一條，便是金包里老街。現在位於北部濱海公路上的中山路，卻更加熱鬧。金山公路局便設在路口附近。光復以前，公路未舖，公路局是輕便鐵道的起訖點。那是一九三〇年，一條運送客貨的雙線輕便軌道開始營業，平均來回基隆三個小時。這樣的速度雖不快，但相較於必須一天一夜路程的魚路，還是方便多了。魚路是從這時開始沒落的。

公路局對面是基督教長老教會金包里教會，它在金山的位置也變遷過數回。教會在金山鎮的發展史裡，占有重要的角色。看到這棟新穎大樓，研究歷史的人，難免會想到最早來這兒傳教的馬偕醫師。一八七〇年代，馬偕醫師來台傳教，直到一八八五年中法戰爭，住在淡水的他，至少來金包里傳教六次。初時，都是搭船從淡水到來。後來是否有翻過魚路就不得而知了。在《台灣遙寄》裡，他提到過這條也能通往大油坑的魚路。

若遠眺東邊，只有一座狹長而低矮起伏的獅頭山。山雖矮卻有一番絕麗景緻。山頭腳前臨海的小村是磺港村漁港。而翻過獅頭山，還有另一個叫豐漁村。二村雖小，可都有兩、三百年歷史。魚路的起站，便是從這兒將魚貨運上岸的。

向來，我在獅頭山比在街上滯留的時間為多。林衡道走訪金山後五年，金山鄉公所在政府督導下，沿山大興土木，蓋了好些涼亭、雕像的觀光建設，所幸高大而雄峙的琉球松依然存活著，讓這處北海岸絕少的蒼毅景觀，繼續氣宇軒昂地矗立。

獅頭山山前之海，一對巍然的巨岩挺拔而出。文獻裡提到，那兒曾是八哥群棲的位置。但我未在這個海域發現過八哥。倒是和許多鳥友遠眺過鸕鶿群，對附近駐軍的干擾也印象深刻。這已是六、七年前的事，海防士兵們總是很緊張，生怕我們偷看了什麼祕密。而記憶裡最美好的一次，大概是從豐漁村上來，邂逅了罕見的灰鶺鴒。在春秋候鳥過境期，獅頭山和野柳岬角總是會有許多奇特的鳥種出現。

我看過一段有關金包里文獻最迷人的敘述，提到早年這兒是一片大森林，目前水田仍有巨大樹木遺留。我想文獻提到的「這兒」，按現場經驗的推斷，主要應該是豐漁村！雖然那兒的水田已沒什麼大樹存在，但當你沿著民生路走往豐漁村的路上，兩旁還能發現幾棵。它們是平地常見的、經常一年落葉二、三回的雀榕。有好幾株都有三、四人抱的樹身。其中一株，有空時，我還常帶孩子去探視，把它當成老朋友。雀榕在北海岸到處可見，可是像這樣巨大而密集地叢生，可非其他海岸地區常見的。如今，稀疏散落的雀榕族群，退居到了獅頭山腳，頗像是族群即將滅絕的大象。

這條走往豐漁村的民生路路口，有兩處顯著的荒廢地標，都是日治時代的歐式建築。靠內陸的一棟，原先是一棟著名的溫泉旅館。以前是日本人在此休息養身的下榻之地，光復後國府軍隊到來，胡搞了一陣，將土雞放在溫泉裡燉煮，最後又把溫泉弄毀，不久這個典雅的房子也廢棄了。靠近水尾海防士兵駐防的地方，另有一棟，據說是金山鎮上一家有錢的賴姓人家，早年暑夏避暑的勝地。

由獅頭山往北邊鳥瞰，乃遊客最愛的救國團青年活動中心，和淺灘一片的灰濁大海了。這十幾年來，活動中心的木麻黃林，始終是北部地區賞鳥朋友觀察過境鳥類的主要地點。我自己也來過無數次，除了登樓塔望遠，過去經常是前一天獲得鳥況消息，有時隔日清晨便迢迢趕至，為的只是一睹罕見的鳥種。譬如黃鸝、地啄木、烏鶇等。至於常客喜鵲、老鷹，我也樂於接觸。近來，這片木麻黃林漸漸地被破壞了。還好，過了磺溪，那兒有一片更大的人造木麻黃，在這幾年蓊鬱成林。相信許多冬候鳥已經固定選擇為過境之地，日後的賞鳥人或許該把重心轉移到那兒。

我也常在冬日孤走海灘，凝視著那暗黑而深不可測的東海，它和金山的住民，有著唇齒相依的密切關係。金山猶若是一隻生活在海岸的生物，兩個漁港像金山的一對觸鬚，金山市民靠著這對觸鬚在海邊摸索、生活。無論如何對內陸發展，他們也繼續和大海維持著微妙的情感，就像他們的祖先一樣，縱使不出海了，依舊在兩棲生活。

（一九九三・七）

大屯自然公園志

初夏午後，從悶熱的台北開車抵達大屯自然公園時，這個位於群山間的凹地，一如往常地起霧了。濃厚的霧氣迅速把陽光遮住，整個山凹頓時變得涼快起來。

我站在沼澤的枕木棧道上，向林木鬱閉的四方遠眺，果真身處虛無縹渺間。南邊雄峙的大屯山與二子山早已沒入雲端裡，北邊渾圓的菜公坑山、百拉卡山的山頭也在雲團裡若隱若現。只有山麓下，兩間遊客服務中心的精緻小石磚屋清晰可見。這兩間依國家公園法未超過二層樓高度的房子，與木棧成為唯一的非自然地景。

但接下都是窳劣的印象了，沼澤裡有許多錦鯉、草魚等魚類潛泳、覓食。我還清楚聽見牛蛙如雷的鳴叫。聽說，這裡還有凶悍的巴西龜。這些被人們好意放生的動物，嚴重地威脅了原先在此的本地蛙類，以及各種昆蟲的棲息。多霧而無人的時

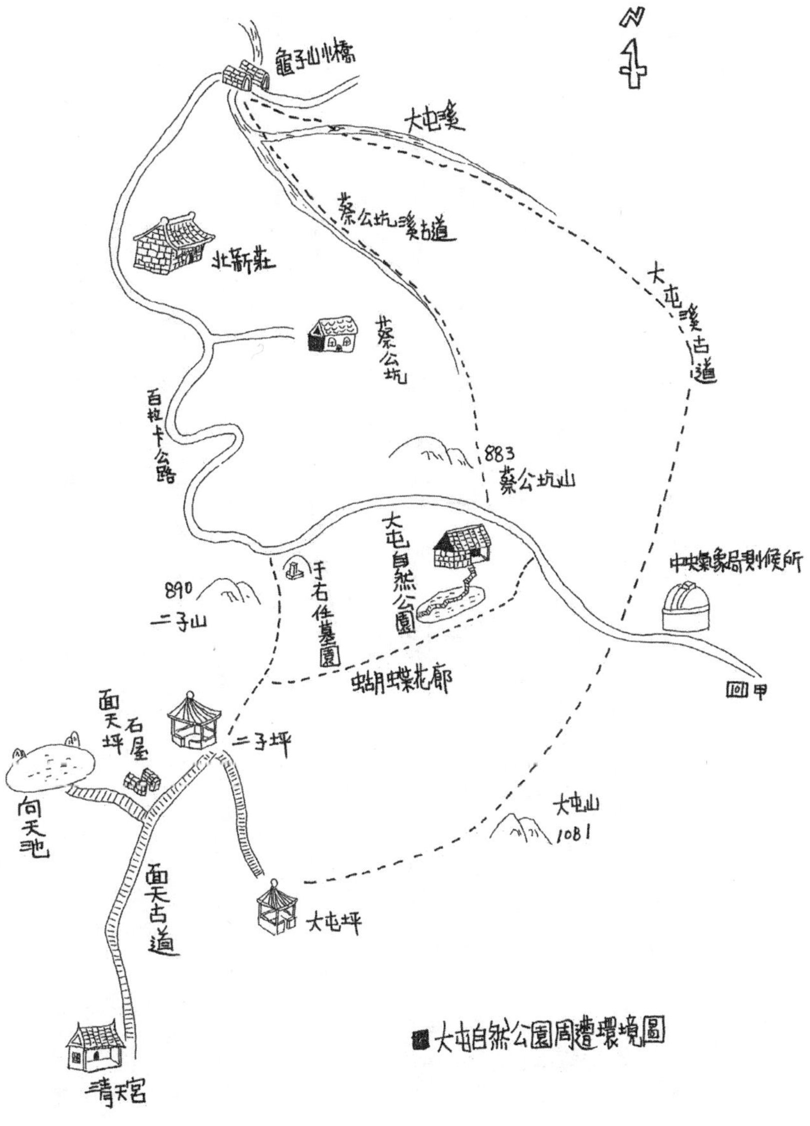

■大屯自然公園周遭環境圖

候，這些外來種的活動和聲音，猶如猖獗不已的盜匪，四處蠢動。

大屯山區目前是台灣特有種「大屯姬深山鍬形蟲」的生育地。目前，牠的雌蟲在全世界仍未被發現。著名的昆蟲攝影家張永仁是這裡的常客。這位綽號「蝴蝶人」的朋友，經常在這個擁有六種原生種杜鵑，植物繁多的山凹穿梭尋找，就不知他最近是否也在山裡？

相信他也會尋著寬廣的二子坪步道，翻過南邊的大屯山麓，到隔一個山頭的小山坡面天坪，拜訪這種頭額有著鹿角狀的小鐵甲蟲。

在這個水源不虞匱乏的鞍部，走進紅楠、昆欄樹、墨點櫻桃等優勢樹種的墨綠森林，他必然會在產業道路上遇到那些八〇年代才發現，長滿茅草的石屋聚落。可惜，他的興趣不在此，大概也不會想從石塊廢墟裡翻找鍬形蟲。

中研院的專家一度深信，在此居住者是北部平埔族凱達格蘭人的一支。這些粗陋石屋的住民大約在十九世紀初，清代中葉時，就定居於此。他們或習慣於山地，或因漢人之壓迫，遷移至這處原先的遊獵之地。如今這一帶的原始森林，仍有山豬出沒。

他們在這個只適合焚墾，不宜水田耕作的山坡地，種植著甘薯等農作，可能相當程度仍是靠著狩獵為生。

日治時期台灣史學者伊能嘉矩曾有一個著名的歷史推斷，一直為後繼之學者所引用，正好可以做為我們更深入瞭解這一支族群在大屯山區活動的情形。

按他的研究，凱達格蘭人和宜蘭的噶瑪蘭人是同一族的分支。早年，他們的祖先搭船在台灣北部登陸後，噶瑪蘭人如眾所知，向東進入蘭陽平原。凱達格蘭人則向西前進。他們分成好幾支，向不同的水域、平原尋找新家園。其中一支折入大屯山西麓定居，在十七世紀時，被來此採硫的漢人旅行家郁永河稱之為「大洞山社」——後來又改稱為大屯山社。大屯山之名即由這個社名而來。

住在面天坪的這一支凱達格蘭人應該常有機會，穿過大屯山麓，來到隔鄰的大屯自然公園，狩獵野豬和其他動物。

可是，這種推論不盡然被大家所接受。一位在陽明山國家公園服務過的朋友提出了相反的觀點。他認為，那裡以牛舍的成分居多，因為氣候不好，經常淒風苦雨，沒有人會住在這麼高的地方。縱使是農人也只有夏天才去，住在工作寮。更何況房子都很小，比較大的只有一、兩間，屋樑的作法已很現代，應該是較晚期才蓋的。

這位喜歡涉獵人文歷史的朋友，還以地方的文獻為證。早年漢人在此曾蓋過大一點的牛舍，而且石砌的方法是很進步的工具與刀法。凱達格蘭人不可能到達這麼高的地方。最有可能是來自北新莊的農戶。由於山上無耕地，只有種茶，和餵牛吃草，來的人都是產業性的居住，沒生產就下山了。

他繼而斷定，北新莊有可能是凱達格蘭人居住的最高限。目前，仍有族人住在那兒。當年那兒土地寬廣，著實不需要爬上那麼高的地方謀生。現在沿百拉卡公路旅行便知，當年由北新莊上山之後，適合當地住民生活的環境果然不多。話說回頭，石屋不一定是凱達格蘭人的住家，卻不能證明他們沒有來此住過。如果凱達格蘭人真的來過面天坪，也到過大屯自然公園，最有可能的遷移生活路線裡，還有一條捷徑：從清天宮到面天坪。

清天宮位於半山腰，現今仍有小6公車來往接泊，附近也有少數農民居住，以及精舍。例假日時，常有登山人潮湧現。會利用這一條山線的，最有可能是北投社。但從地形研判，光是在面天坪前的貴子坑就可獲得良好的狩獵場所，無須勞師動眾，辛苦地爬到大屯自然公園去。我還是把唯一的可能冀望在北新莊。

提到這麼多次的北新莊，它在哪兒呢？從這個公園山凹地向西的缺口俯瞰，遠遠地，以優美的地形線、水田與聚落緊貼著海洋的平原，左邊是李登輝總統的故鄉三芝，右邊為淡水鎮。

如果按伊能嘉矩的推論，在上述一支凱達格蘭人住在面天山的鞍部時，三芝也住了另一小支，在小雞籠社後方的屯墾地。此外，淡水還有另一支大屯社的人。

如今要前往這些梯田地帶，從穿過大屯自然公園的百拉卡公路開車繼續往西，經過于右任墓後，車子還要盤繞山路一陣，彎繞許久才可能抵達出口的北新莊小鎮。這個小鎮的街心不大，五分鐘就可迅速走完，但歷史故事卻相當綿長。

北新莊又叫店仔街，這個名稱來自於它位於北投、基隆與淡水翻越大屯山脈的道路會合之處，形成街莊。兩條著名的古道，大屯溪以及菜公坑溪，都是由此出發，分別前往小觀音山火山口和大屯自然公園。根據古道的古蹟研判，都是一百年以上歷史的舊路。

這一地名也源自乾隆中葉時，有盧、蘇二姓漢人前來拓墾。此時，如果按前頭專家的推論，面天坪仍有凱達格蘭人居住，菜公坑古道存在的意義就更大了。當時兩邊的人可能靠著偏北的大屯溪古道往來。

我手頭還有一些零星的採訪，以前曾整理如下，有興趣的讀者，何妨將它串聯成有機的歷史：北新莊的老人皆識得大屯自然公園。過去它叫草濫仔，原來是打山豬、放牛的地方，也有茶園的痕跡和放牛的房屋。此地通常只是大家前往陽明山的過路點，中間會經過百拉卡（北新莊上面）。

日治時代看櫻花，從淡水有一條經過大溪橋、北新莊到草濫仔，再上大屯山。以前的登山人從北新莊出發，有的人是從竹子湖上去，繞水尾，先抵達氣象局測候所，再到大屯坪（日治時代的稱呼），轉而至中興農場（二子坪）。

菜公坑溪古道或許是狩獵和產業用，大屯溪古道卻是要道。它是金山到北新莊、淡水的主要道路。先走大屯山閣（菜公坑山旁）、七星山閣（小油坑旁），翻山至鹿角坑溪，沿溪岸走。然後，上抵八煙，會合魚路，直通金山。日治時代，公路開通以後就不是這種走法。要到金山，直接走下三芝，過石門、跳石而至。

我們若讀北新莊聞人杜聰明先生的回憶錄，即可一目了然。他祖父第三代自五股坑前往淡水北新莊、車埕、百拉卡山腳買山林。後來，又往後山（竹子湖），在鹿角坑溪買山林。二伯父杜溪水等族人就在山區砍柴、燒木炭，再擔木炭到滬尾街販賣。

如果將北新莊杜家的生活和古道做一聯想，這些圍繞著大屯自然公園的有趣事蹟，想必可以更充分地理解。至於，後來的登山人從洞窯研判，這一條路可能是運送木柴的炭路，以及採箭竹筍之用，應該也是準確的判斷，而且點醒了我們，這些古道背後還潛藏著不少值得發掘的早年事物。

（一九九三・八）

去彼平等國小之日

早晨在麥當勞吃漢堡，一邊就著潔淨的餐桌，整理著昨晚於烏來山區觀察的紀錄，同時謹慎地研判，待會兒的行程。

下午，我要去陽明山平等國小，和學校的老師切磋自然觀察的經驗。這所小學位於七星山山脈，海拔四百公尺某一小台地。站在那兒放眼望去，近處都是綠色山巒，相較於其他國小，明顯地擁有地利之便的自然資源。

我個人猜想，大概是這樣的地緣背景吧？面對自然生態教育，該校的老師們應該特別有心得。我思索著，即將搭公車上山的路線，應該能觀賞到更多植物景觀的變化，遂捨棄行程較短的中十九路，轉搭三〇三，繞更遠的山路前往。

這趟旅行雖然短暫，我依舊如前往高山般興奮。甚至，有種全新的喜悅，那是閱讀愛爾蘭詩人黑尼詩作獲得的。近來，我總是把讀詩的心情融入旅行空間，嘗試著過去不曾體驗的經驗。儘管那是經常扞格不入的，且有著強烈的虛幻。對年近中年的我，卻有著鎮定劑般的功能，漸次把生活裡的煩躁沉澱。

進入這塊北部山區，和過去熟悉的南部山區截然有異，我也快樂地幻想，可能會遇見許多有趣的物種。縱使什麼都未收穫，只是一趟尋常的自然旅程，仍有助於個人野外經驗的累積。

抵達平等國小後，離教學時間還有一小時。山風朔大，雨絲不斷，這樣的天氣並非很好的野外觀察時日。但就算只剩一隻蜘蛛，能夠現場解說總是最好的選擇。我還是按習慣，在現場教學之前，先了解當地的環境。

學校旁邊有條清澈的水圳，它吸引我沿公路而行，尋找棲息圳邊的動物。我用一根枯芒稈翻撥，試圖找到蛙類、蟋蟀，或者其他生物。隨即，來到一戶住家，發現一棵果實纍纍的台東火刺木。飽含著紅色光澤的果實，在雨絲的潤澤下，教人怦然心動。這種原本只生長在台東和花蓮的海邊植物，還是初次在台北盆地遇見。猜想大概是園藝植物，後來野化於這個潮溼的山區？對這棵火刺木來說，這裡的海拔可能稍嫌高了。

台東火刺木的存在，滿足了我對異地生物的好奇心。帶著愉悅的心情，進入學校後，我繼續進行校內的觀察，先沿著學校周遭的樹林走了一遭，了解附近的生物狀況。然後，再走進教室，拜訪校長和老師們。

由於教育部的規定，明年起每所小學都要編列老師們自訂的鄉土教學教材。每到一處，我便喜歡蒐集這方面的教學內容。教學前，校長特別送我兩本該校編成的教材，《田園野趣》和《彩虹的故鄉》。

我興奮地翻讀這兩本讀物。《田園野趣》包括了當地的民俗採訪，學生的自然採集與調查，還有老師改編美國自然教育家柯內爾的自然遊戲。《彩虹的故鄉》主要是以新近盛行的自然步道觀察模式，

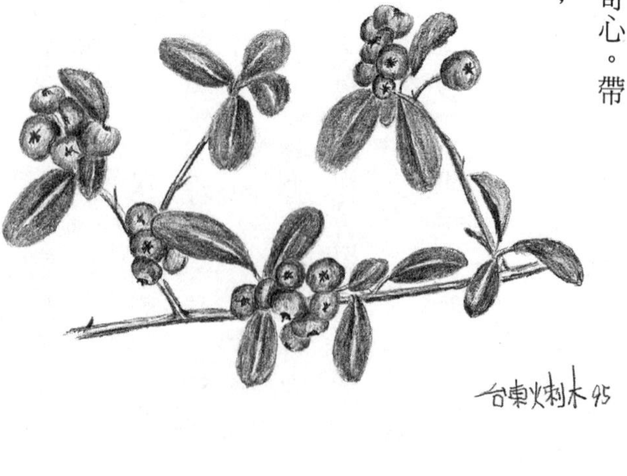

針對學校和附近社區，設計出自然觀察的教學。

在民俗採訪上，印象最深刻的一篇，老師介紹了平等里過去的歷史，讓小朋友知道它過去叫草埔，以前是塊草原，做為牛群飼養的地方。書本還記錄，附近住了哪些人家，他們為何搬遷到此，這裡有哪些地方典故和風俗。

在自然教學的遊戲裡，老師們因應地形環境，設計了許多表達生態意義的遊戲。其中一個，我頗為喜歡。故事大致如下：老師將高中低三個年級的小朋友，分成為森林上層的喬木、中層的灌木，以及下層的草地，集中在一處。然後，用乒乓球當雨滴，從小朋友的頭上掉落，讓他們體會，森林裡每一個階層對水分需要的不同。

這樣的鄉土教材內容，遠比現今坊間許多的兒童書籍具體、有趣多了。再想到坊間許多出版社競相引進大套外國自然科學叢書，如此簡樸的社區教學內容，更讓人感動。

天氣不好下，我還是試著在野外解說。由於辨識植物的書籍與圖鑑坊間多半能買到，這方面的認知較容易解決。我的解說重點偏重在現場環境的人文解讀，以及學生比較有興趣的昆蟲習性。

我依整個學校的環境，大致分成五個重點。相較其他小學的自然環境，應該大同小異。這些區域分別是：噴水池、操場、教材園、游泳池和樹林下。但那日在現場，我覺得自己解說的不夠周延。後來回家反省，始終耿耿於懷，夜深時再將自己對這些環境的看法，稍作整理如下：

噴水池是一個拘謹而有限的水生環境。我們無法想像大量昆蟲的到來。這是個必須物盡其用的位置，記錄有限的水中生物食物鏈。最高位階的主要物種應該是蜻蜓、蛙類等。以前，我看過，有些學校的校長怕同學玩水，經常把水池的水放乾。這種因噎廢食的做法，反而讓學生們喪失了觀察的機會。

我喜歡把游泳池形容為一個學校自然觀察的大海。晚上，游泳池像個童話裡的魔鏡，誘引許多昆蟲前往，終而一去不返。每天早上我們去那兒撈捕的生物，往往比其他地區的觀察還多。光是從這兒獲得的「漁獲量」，做為一個學校昆蟲的分析表就是篇精采的報告。這個大海往往是一所學校生物種數的重要指標。

樹林世界是浪漫而豐饒的環境，但觀察者很容易在那兒迷失自己的位置。他在這兒必須先認識土地倫理，學習尊重生物的理念。縱使只是一棵枯木、一片腐葉、一隻螞蟻，都有它們存在的意義。同時，我們要教導學生，試著做一個自然觀察的福爾摩斯，在這個複雜的生物網絡裡，不斷地思考、探究。譬如不同的蜘蛛為何掛著不同的網？不同的樹木為何長著不同色澤的菌菇？

老師也可以敘述一個故事，說出各種生物在樹林裡的關係位置。譬如就從眼前一條蓬鬆隆起的土堤開始說起，這是台灣鼴鼠晚上走過的地方。牠昨晚沿著鬆軟的泥土，在下面旅行。很可能遇見過許多甲蟲的幼蟲、蠼螋和鼠婦，也找到了喜歡捕食的蚯蚓……動物冒險的故事，總是學童最愛聽的自然教材。

操場是另一個讓想像長著翅膀，到處飛行的空間。老師和學生的認知情感，可以隨著大冠鷲飛翔於天空之上，或者是像冬天的灰鶺鴒從容地在草皮散步，也可以像一隻糞金龜具體而努力地推著糞球。因而，我們至少要有一堂課，一個溫煦的日子，學生和老師一起躺在那兒，望著雲，甚至閉眼，讓許多故事發生。

校區常見的教材園無疑是理性打造的自然溫室，也是最好的自然生態實驗場。

95.台灣鼴鼠

當我們規劃不同的植物種類，選擇要哪一種生物到來時，我們在這裡扮演的角色，已經具有上帝、開發者和保育者的多重身分。小朋友可以具體而微地了解，環境保育與破壞的差別和意義。

觀察後，有位老師問我，為什麼特別強調自然觀察的重要性，而非其他藝術文化？我曾解釋，自然觀察是無所不在的，和土地的互動關係，遠比其他藝文活動密切，也含有更廣泛的普羅性格。大自然分配給每個人的現場景觀，永遠一樣的多。

還有老師提出，如何教小朋友撰寫昆蟲採集記錄的問題，我提出一個更積極的觀點。其實，我們教小朋友自然觀察，不只在教他們如何採集昆蟲、登記名字、時地和種類等等。我建議，在備註欄的部分，請小朋友務必寫下他們的採集心得，不論是針對昆蟲的感受，或者是採集的旅行。

這樣的紀錄是必要的，透過文字的描述，採集報告不再是單調的科學數字，也不只是物種名稱的枯燥呈現，裡面會有人文的思考和感情浮露。我們教自然科學的最終目的，絕不是認識各種生物的名字，變成一個全方位的觀察者。還希望透過自然觀察，讓孩子知道，追求知識的有趣方式，進而訓練人文哲思的能力。

午時寫畢，再修潤，仍覺得有所欠缺。上床閉眼，輾轉難眠。勉強再起身點燈，攤開陽明山的地圖，左思右想，很想再建議老師，何妨依此地的拓墾歷史，再帶孩子尋訪古道。

對了！差一點忘記一件重要的東西。我恍然想起，像這樣接近山區的學校，更該建議老師們，不妨在學校附近尋找一棵大樹，讓小朋友認同，陪他在學校時長大。大樹之存在，將是他童年裡非常重要的自然環境指標。

還記得，每次回台中，經過母校大同國小，都會去探視校門的那排大王椰子，還有菩提樹。以前的校舍、操場、遊戲場都消失了，唯有這兩種樹依舊矗立著，如童年，如現在生命之繼續成長。

（一九九五）

平溪之旅

近年來凡例假日，到處都有自然團體舉辦野外活動。或賞鳥，或採集昆蟲，或觀察植物，不一而足。然而，到底要跟自然生態團體一起旅行呢？還是獨自去探訪新天地？我總是有著魚與熊掌不可兼得的兩難。跟生態團體一起，往往能結交同好朋友，相互切磋不同經驗的自然知識。但想到台北近郊風景區例假日的人潮，我往往無奈地選擇後者，和少數朋友，單獨去一些人煙稀少的所在。

去年秋末某一星期天，我和畫家何華仁帶著孩子沿平溪鄉的公路旅行，想要找一條溪流觀察蜻蜓。那兒到處都有鄉間小路可以轉入，我們隨興選了其中一條，悄悄駛進去。野外旅行多年的經驗告訴我們，在台北，出了城，任何綠色的地方，只要沒有人，都是很好的觀察地點，無需刻意到觀光名勝的地點，或者著名的賞鳥區。

經過一座小水泥橋時，發現下面有條清澈的小溪便停車，下去走動。小溪不寬，對岸巨石嶙峋，許多喬木靠著緊緊攀附的巨石而壯碩。一排竹林和野薑花排列在溪畔前，整個自然環境相當清幽，猶若世外桃源。

不知多久未見過這樣素淨的小溪了，溪裡有許多苦花和川螺棲息。我不禁緬懷童年，在榕樹邊的小溪釣魚戲水，以及撿食田螺的往事。

我們靜靜地站立時，一隻焰紅蜻蜓飛來，像道鮮豔的紅光，閃過綠色的溪面。聽到牠努力拍翅的聲音，不免泛起小小的心驚。從去年秋末起，就未再看到牠們。焰紅蜻蜓最喜歡在林子旁清淨的小溪、池塘活動。牠的出現，隱然強化了周遭小生物的生命力。

蜻蜓是水中生物鏈最高的指標，如此乾淨的小溪，不可能只有一種。沒多久，像枚紅色髮夾的紅腹細蟌也來了。而野薑花叢肥厚的葉片，不時有白痣珈蟌，如蝴蝶之舞踴，緩緩拍著一對閃著藍色光澤的雙翅。就這樣嗎？不，兩、三隻黃腳細蟌正沿著溪邊忽上忽下。牠們的加入讓清澈小溪又添增了資源豐富的符號。

我們循著小溪離開，抵達一條兩岸開闊而明亮、水勢急速的溪流。它叫東勢格溪，岸邊有許多裸露的卵石。溪水流速雖急，但一些水流打轉的地方，形成大如水塘的靜止水域。四、五隻大型綠胸的晏蜓，快速地來回梭巡。現在是晏蜓最為活躍的季節，從低海拔到山區的這裡。空中都有這種腰際像鑲了塊藍寶石的大蜻蜓來去。日本人稱蜻蜓為空中的寶石，其實說穿了，大概就是直指這一種。

這時，一隻不知名的春蜓急速飛過溪面，再揚長而去，剩下蔚藍天空和我的一臉驚愕。假如晏蜓是藍寶石，那麼這一更迷人的，習性如謎的春蜓科蜻蜓，恐怕是橙色的琥珀了。這種最具挑戰性的蜻蜓，局限於茂密山區的溪域棲息，牠的出現意味著溪流，以及溪流兩岸的林木尚保存良好。

晏蜓只在溪流的靜水徘徊。凸裸石塊的急湍淺灘位置，卻有短腹幽蟌的雄蟌，各自盤據著不同的石塊，烘曬著秋末的陽光。

我在觀察時，才五歲的大兒子，不小心掉入溪裡了。我急忙把他拉上岸，一起坐在大石曬溼掉的衣服。意外地，看到一種山溪才有的暗藍色蜻蜓出現了。牠停棲的位置多半是溪邊大石，和短腹幽蟌有著明顯地不同的石塊選擇。

後來，我採集一隻回去鑑定，卻未查出真正的學名，只好將牠的特徵都繪入畫本。過了一個星期，我到臺北野鳥學會演講「野外蜻蜓辨識法」時，一位鳥友帶來日治時代的《原色日本昆蟲圖鑑》（一九三三），裡面有許多日治時代在台灣採集到的蜻蜓種類。我借回家，逐一翻閱，在這本六、七十年前的老書裡，很幸運地，看到了這隻想要探究的山溪蜻蜓。牠叫樂仙蜻蜓，最大的特徵在腹背第八節，有一對八字形黃斑。那本書雖然刊登了彩色的標本照片，卻未有任何習性的描述。但正如我所見，想必是依附溪流活動的種類。

趁著烘曬太陽時，我從溪邊撈起一條死去的、發臭的雨傘節檢視，同時教孩子認識毒蛇的形容。我也撿拾到一些魚鉤和釣線，把它們集聚起來，埋入草叢的土堆，以免這些釣客們遺留的釣具傷害任何人，以及到水邊活動的動物。

等孩子的衣服快乾時，我們又沿著一條隱密的溪徑，觀察兩邊的動物。一隻紅圓翅鍬形蟲雄蟲從空中飛降，停落在芒草叢。呵！牠是我見過最漂亮的鍬形蟲了。前胸深黑，鞘翅卻像泛著上好油漆光澤的木頭色。這種秋天最常出沒的鍬形蟲，素來只活動於低海拔山區。後來帶回家飼養，每天切蘋果餵食。牠的食量非常大，和一隻花潛金龜，整天都待在上頭吃，晚上才鑽入土堆裡安睡。

再沿溪行，公路旁有間土地公廟香火鼎盛。仔細瞧竟是老廟新屋，從光緒初年就在這兒落戶了。裡面盤坐的土地公被香火燻了上百年，已面目全黑。這兒在十九世紀中葉就開發了，那時台北都還沒建城。這麼早便開發，當時的屯戶靠什麼生活呢？除了種稻外，主要是植茶。對照當年台北產茶的區域，此地屬於較偏遠的位置。或許是偏遠的好處，如今茶園沒落了，墾地又逐漸被森林回收。但接近城市的茶區現在多半成了土雞城、飲茶餐廳，連帶的，那兒的山林溪澗也失去了原貌。

感謝這一帶茶園的沒落，給自然一次重新復甦的機會。我們繼續沿小溪安靜地旅行。

（一九九四・六）

大豹溪之旅

一個冬末的下午，沿著大豹溪右岸的柏油路信行。陪同我的朋友有二。一位是在三峽有木國小執教，蟄居當地六、七年的作家凌拂。另一位是熱心兒童自然教育的陳木城老師。我們不斷地探尋特殊植物，一邊鑑定與討論。

大豹溪位於三峽南端的山區，溪水多半蜿蜒於山高水深的環境，直至湊合橋，才銜接三峽溪，一起奔流到著名水泥拱橋的三峽鎮。

許多人或許還不知道它確切的地理位置，但我若提起沿岸的旅遊觀光景點，相信就有清楚的脈絡了。譬如滿月圓、樂樂谷、彩蝶谷、蜜蜂世界等等。聽過嗎？沿著大豹溪，這樣的觀光遊樂區不知凡幾，把這個偏遠山區建得充滿休閒遊憩的味道。到了例假日時，那兒常擠得水泄不通。凌拂便跟我提過，星期日時，除了遊客的嬉笑聲，她在學校的宿舍窗口，總是飄進烤肉的味道。

所以一星期裡，大豹溪近乎兩天是都市人的。只有星期一到星期五，遊客不在時，始能恢復原來的樣貌。我們循著溪，在涾涾的溪聲中前進。那天是星期五。經過的山路上，只遇見少數的當地人，以及一隻野狗。今天剛好是三峽地區的祭日節慶，遇見的當地人都邀請凌拂去家裡做客。

凌拂喜歡摘食野菜，再加上冬天落葉多，這趟隨興而起的觀察，主要的重點便圍繞在野菜和落葉喬木的辨認。

我率先問起龍葵，因為最近有群人在野外郊遊，試著摘食，竟然集體中毒。龍葵能吃的部位在嫩葉和成熟的黑色漿果，以前自己常吃，不覺有異。那些遊客會不會摘錯部位了？凌拂很老道地回答，龍葵只適合少量，忌多吃。吃多了，就會中毒。畢竟是野菜，還未馴化。有一回，在不知情下，她吃太多了，發生過類似的嘔吐現象。

經過一間民宅時，凌拂介紹了一種叢生在石牆的美麗草本。看到它細長的豆稈，便知是十字花科大家族的成員。這種不起眼的植物叫細葉碎米薺。住在山裡的人稱之為番仔香菜，沾醬油生吃，味道甘美。我以前吃過，嫌其清淡，凌拂卻認為有點芥末味。

另外，試吃了一種植物的漿果，叫普刺特草。好洋味的名字！我寧可喜愛它的象形土名，玉帶銅錘草。暗紫的漿果，兀自有一個自足而飽滿的橢圓狀，果真一個銅錘樣。試著摘食，初嚼時無啥味，不久嘴裡泛起吃生蘿蔔的辣味。吃一顆後，就無摘食的雅興。

秀氣的鼠麴草，在住家附近的池邊習以為常。在這裡，卻是最吸引我注意的小草。我和凌拂都不約而同的喜歡上它與眾不同的造形。那婉約形容的長舌狀葉片，淡綠滲白的拘謹色澤，單莖往上，不分叉，讓整株小草呈現一般植物少有的收斂美感。

一抹白雲低緩地飄過青

94.鼠麴草，二三月開始冒出，民間糕粿之配料。

蛙山。這裡的環境相當潮溼，看不見乾旱土壤的先鋒蕨類，羽裂半邊鳳尾蕨。北部低海拔少見的東方狗脊蕨，卻是山坡壁上的優勢族群。

這個季節，筒鳥猶在南洋，由於上回來聽過筒鳥的叫聲，早上也介紹過筒鳥的習性，陳木城遂想起一個別具意義的故事。半路上，他把這個寶貴經驗敘述出來。筒鳥到來的季節，多半是四月左右。牠經常單隻站在電線桿上，發出「不、不—不、不」聲。這時正好是茶農採茶時，一些北部山區的茶園，乃稱呼這種春天回來的候鳥為「採茶鳥」。

我們在路邊撿到一束枯褐的芒鬚檢視。那束芒草上面，密生著鮮嫩而青綠的小草，彷彿一片美麗的小麥草。最初，我們研判可能是其他禾本科植物，附生於上，但過去不曾見過這種奇特的植物。再仔細核對，枯褐的芒鬚上竟是芒草的幼苗！

沒想到高大、粗糙的芒草，小時竟像小麥草這般迷人。我可以想像，先前撿到是一束成熟的芒鬚。鬚上那些準備飛行到遠方的芒籽，很可能因芒稈被人折斷，或被風雨吹倒，乾脆在這個優渥的潮溼環境生長。芒籽們可能大部分都幸運地生出了，卻沒有一棵能夠飛行到遠方。

在一棵傾倒的腐木上，我發現了膠鼓菌。現在正是膠鼓菌生長最繁密的季節。所有北部低海拔山區都有膠鼓菌在孕育。它們像是陶藝專家，各自依著地形位置，長出茶褐色的各種菌形。或鼓、或碗、或酒桶、或饅頭，不一而足。凌拂試著輕拍一顆的鼓皮，那顆剛好成熟。我們驚喜地看到，成千上萬成熟的孢子，如煙霧般釋出。

最後，我們到東峰溪橋上，觀察一棵曾滿樹盛開白花的植物。凌拂希望我能辨認，最初誤以為是台灣石楠，後來研判是台灣莢迷？卻沒有十足的把握。我的興趣是橋墩邊一棵垂下水域的球蘭。瞧著那肥厚而貌不驚人的葉片，很難想像它竟能盛開出晶瑩剔透的花朵！

車子經過大豹溪時，岸邊層層綠意的樹林裡，唯有一種奇特的喬木，比周遭的無患子更加亮眼。一樹鮮黃，燦爛而輝煌，顯然是大豹溪冬天時最具代表性

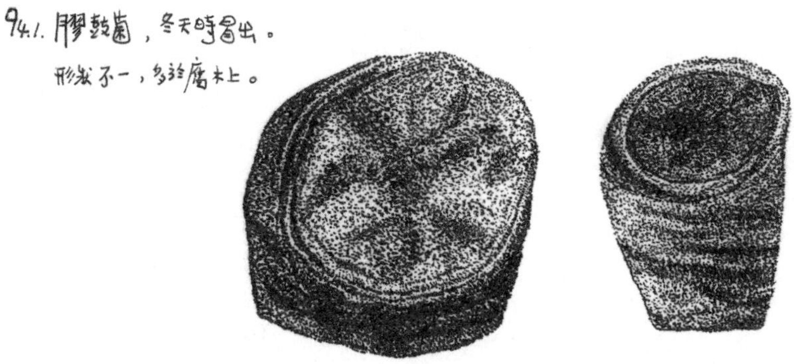
94.1. 膠鼓菌，冬天時冒出。
形狀不一，多於腐木上。

的山景。它叫什麼樹呢？凌拂一直以為是巒大花楸。可是，這種樹只分布二千五百公尺左右的山區，有可能在此生長嗎？我帶著這個問號，以及一片紅葉回家。

那片披針長卵形的紅色枯葉，後來帶回家對照植物圖鑑，確定是一棵山漆。冬天時，山裡多紅葉。沿著大豹溪紅色落葉的樹種也不少，常見的除了橢圓披針形的山漆，還有五星狀的青楓、橢圓鋸齒的杜英、深鋸齒狀的山枇杷、魟魚般的烏桕和九芎等等。

透過山漆明亮的紅葉，回想著它脫落的枯枝，猶在蒼勁有力地挺著，等待春天時的發芽，在轟隆的瀑布旁，在大豹溪上。這趟隨興而起的旅行，開始如童年裡某一段不可抹滅之美好記憶，隨山漆收束，被我小心翼翼地放入詩集的扉頁。

（一九九五．二）

再訪大豹溪

早上和鳥友前往三峽李梅樹美術紀念館拜訪，同時到祖師廟觀賞畫家在祖師廟留下的鳥類作品，以及一些不同時期的畫作。這趟觀畫印象裡，最深刻的有兩幅。一幅是他十七歲的少作〈烏鴉〉（一九一九），還有一幅是三十六歲時的〈香魚〉（一九三九）。〈烏鴉〉一圖，一眼即可認出，係台灣中高海拔山區常見的巨嘴鴉。〈香魚〉一圖則有六尾躺在月桃葉上，把香魚、月桃這兩種尋常物種和常民生活的關係清楚地點繪出來。

兩張作品的完成時期都不是在日本求學時代，反而在老家，意義更是非凡。我特別向李氏的後裔打探早年三峽的自然景觀。根據他們童年時的回憶，三峽溪果然有烏鴉經常出現，而香魚也固定到拱橋下的卵石灘產卵。目前，兩邊雖有水泥護岸，河床上仍有卵石灘的景觀，只是香魚不再。李梅樹的孩子還特別提及，除了香魚，他們常在溪邊甩溪哥。當然，當時的魚種絕對不只這兩種。

訪問結束後，我們沿三峽溪上游進入大豹溪。中午和一群鳥友，坐在三峽有木國小操場前的階梯吃便當，聆聽大豹溪的溪水聲，一邊遠眺青蛙山。不遠處，有一隻紫嘯鶇站在升旗台上。不久，牠趁學童在教室上課，大膽地站到走廊的花圃和洗手台上。發出尖銳的鳴叫，彷彿在抗議我們侵入了日常棲息的領域。

兩個月前才來過，也看見一隻，猜想就是牠了。在有木國小教書的凌拂跟我說，有一隻尾羽分叉處有白羽的，經

紫嘯鶇

常可見，就住在她宿舍下方的大水溝，就不知是否為這隻。現在是繁殖季，在溪邊或林子，不時可聽到婉轉而美妙的鳴聲。牠的叫聲截然不同於畫眉的響亮、急促與多變，而是較婉轉、優柔，而且抒情的。

經過一處杜鵑花叢時，發現了一個白頭翁的巢。芒草和小枝條編的碗狀巢，隱密地卡在樹幹叢裡，裡面有三顆蛋。發現時，那隻白頭翁就在旁邊鳴叫，但我們太粗心了，直到看見了巢，才感覺到牠的警戒。

「對不起！」一起來的鳥友吳尊賢代表我們輕聲致歉，隨即遠離了那兒。晚上，我再去探看時，裡面有一隻成鳥伏臥在巢裡，猜想是媽媽。

底片盒裡裝了許多路上撿拾的昆蟲屍體。有隻是淡黃枝尺蠖蛾，在有木國小的階梯上拾獲。此蛾非常普遍，到處可見，哪須蒐集？但淡淡的黃翅，搭配著對稱的細黑色線斑，美麗如一襲古老時代留下的服飾。對照著牠幼蟲時代如蛆之身，差異如此大，我不免便想靜心觀賞。

我們在國小旁的菜畦巡視時，聽到貢德氏赤蛙低沉而宏亮的「狗鳥」聲。牠們有一群棲息在水莞草裡。翻開草稈，便看到龐大的身軀，眼睛後有清楚的大眼罩。

我喜歡形容牠們是水池裡的大精靈，歌喉尋常卻愛鳴唱。

天氣多雲，菜畦旁的水塘裡，三、四隻霜白蜻蜓相互追逐。水莞草叢裡，也有藍色的鼎脈蜻蜓單獨活動。我從草稈裡撿到好幾個水蠆殼。有大到近五公分的，看外型，若不是麻斑晏蜓，便是綠胸晏蜓。這種陰暗的天氣，小型的黃紉蜻蜓自然不會錯過活動的機會。我也撿到了全身暗紅的紅腹細蟌的水蠆殼。

聽過香茅油嗎？入山路上，立有一賣香茅油的招牌。以前在台中讀小學時，回家的路上便有一叢。那是四十歲以前，唯一見過的。這種禾本科頗像芒草，邊緣無倒勾，不傷手。我喜歡摘一小根，在手中搓捻，聞那濃烈而刺鼻的香味。到了六年級，石子路上鋪了柏油，就未再看到那叢香茅，以及附近的農家。

凌拂跟我說，這兒附近農家住民參加喪禮回來，往往會摘香茅，放入洗澡水淨身，這是一種習俗。甚至，自己不能親手摘香茅，還須透過他人之手。

凌拂居住的地方原本有一叢，不知為何消失了。凌拂猜想是自己摘得過頭，導致它死去。我們特別到另一戶農家去觀看，那戶人家門口也栽一叢。纖細的香茅遠看近似芒草，卻沒有芒草粗大而泛白的葉莖。低身瞧，那一叢周邊，仍有被摘採的斷莖遺痕。很顯然，這家住民仍在使用。有香茅處，必有農家，此一傳統生活關係依舊存在於這個小山區。

順便到東峰橋頭，再度觀察那棵薔薇科石楠屬的喬木。它的葉片橢圓或長橢圓，鋸齒狀。由於和凌拂一直辨認不出屬種，後來摘了葉子，請教植物專家陳賢斌。他確定是老葉兒樹。來時，它正好開白色花了。滿樹白花，猶若出嫁的新娘，滿身披著白花。附近這種喬木還不少。

夜深以後，這個溪段的峽谷，有三、四種聲音洪亮地響著。有木國小背後的山坡，傳來的是黑冠麻鷺低沉的叫聲。而另

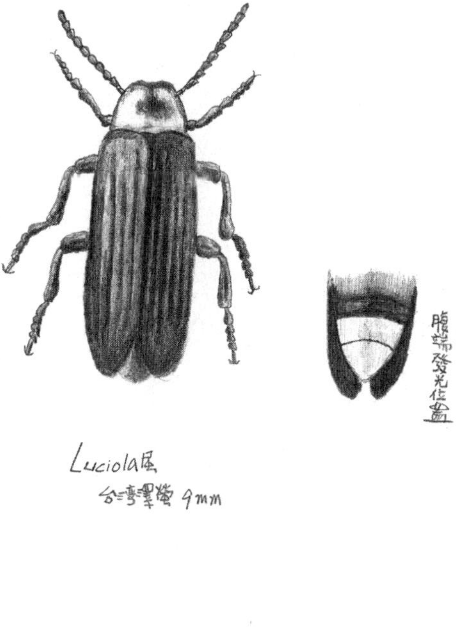

外一個類似的音節波段比較高昂，明顯的不是黑冠麻鷺，卻也不是鴟鴞科的猛禽。後者沒有如此持續的鳴叫力氣。前年來此我便聽過這個怪聲了，今年牠還是從同一個方向傳來。會不會是麻鷺呢？問了眾多資深的鳥友，竟無一人敢肯定答覆我。這時溪邊也有白腹秧雞的「苦啊！苦啊！」聲，不斷傳來。後來，我研判是灰腳秧雞。牠和黑冠麻鷺，以及貓頭鷹家族，都是台灣森林的黑夜歌手。

此時有一比鳴叫還強烈的事物，更吸引我們注意，那是閃爍的螢火。

數以萬計的螢火浮游著。白天時，我在那兒搜尋許久，一隻成蟲也未見到。但天一黑，生活在草叢邊的螢火蟲開始一閃一放，迅即形成一片螢海。每一隻雄螢火蟲都努力綻放著生命最激越的亮度，尋求著雌蟲的認同，給予交配、繁殖後代的機會。

螢火也是地上的星星，在草叢裡大而閃亮的掛滿。牠們彷彿是從天空落下來，再轉化，趁這時毫無顧忌地展露自己。螢火的光不安而薄弱，但比諸冷冬的瘦弱星光，還是離我們近一點，也溫暖一些。

（一九九五・七）

重回沙崙

終於鼓足勇氣，重新回到一九八二年調查過的淡水河沙崙河口，這兒也是自己撰寫小說《風鳥皮諾查》的背景場地。

其實，前些時就已經動念，至少有兩次開車來到淡海附近了，卻有一種奇特的近鄉情怯之懼怕，使得我在最後的關頭，又掉轉回頭。

為何會有這樣的心境？原來在我調查後，沙崙附近興建淡水漁港的計畫已開始動工。河

東方環頸鴴

口的石滬區被碼頭橫斷，廣渺的金黃沙丘，出現了人為的木麻黃防風林幼苗，密密麻麻栽植如秧苗。我可以想像日後前來時，這兒會是如何迥異於往昔。東方環頸鴴皮諾查，還有牠們的族群，以及眾多鷸鴴科水鳥賴以渡冬、過境，甚而繁殖的大沙丘，無疑會宣告消失。

這是我遲遲不願、不敢回到沙崙拜訪的主因。在台灣各地從事自然觀察，旅行十多年，目睹太多太多自然環境的淪亡。我已喪失勇氣，再看到一個過去熟悉場景的消逝，更害怕一個美好記憶之破碎。可是，它一直在心靈最底層的地方召喚我。尤其是在個人對生命感到懷疑，對生活感到灰心，進入無限低潮時，它的聲音與形影也愈加強烈。

那天凌晨兩點，我便是在這種滿懷沮喪之心境的情緒裡，駕著車，沿著進入淡水漁港的新闢小路，緩慢地摸了回去。我憑著過去的記憶，像溯回母體的子宮，在暗黑之中摸索著。靠著車燈的照射，搜尋記憶裡海岸林子的景觀。

最後，我抵達一處公路的盡頭。林影幢幢，海風朔大，不斷地鑽入車窗的狹小細縫。

我知道不能再前進了。冥冥之黑暗裡，有著雲影映照下來的灰光，把眼前的世界籠罩在一片迷茫之中。我依稀感覺自己到了，前方應該是沙丘和大海。世界離我好遠。遠在地球的另一端，熟睡著。也因為有了這樣親切而熟悉的感覺，我突然覺得好累好睏。打開許久不曾沾飲的啤酒，試著喝了一口，但也只能如此淺沾，無以為繼。畢竟已四十歲，理智之瓶難以滲入浪漫之細沙。攤開帶來的睡袋，才蓋上身，沒多久便睡著了。

隔天清晨，被陽光照射醒來，昨夜之情境已經消失。在陽光到來之前，世界似乎偷偷地長大了，我猶如被童話欺騙過的孩童。車窗左邊是印度田菁枯竭的灌叢，還有紅穗茫茫的五節芒，右邊則是濃綠的木麻黃林。而前方呢？我赫然看到，一片暗闇而荒涼的岩礁地帶，像最初的洪荒橫陳在前。石滬到了！我在心裡興奮地喊叫著。同時為昨天竟然能憑著年輕時的記憶，摸索到這個河口的位置感到自豪。

可是，心裡也暗自失望，這條路原先必須走半個多小時，越過沙丘邊緣和海灘，方能抵達。現在鋪設了柏油路，開車子不用五分鐘就抵達，失去了走路前往的神聖性。

果然如我所料，連綿的沙丘已不復存在。十二、三年了，當年幼小的木麻黃，已經形成一片海岸林。裡面也長出了過去不曾記錄的許多種海邊植物，如草海桐、黃槿、老鼠竻、海埔姜、野塘蒿等，連馬鞍藤也變得比過去旺盛。

石滬裡，不少位淡水附近的漁民，正在撿拾貝螺。也有一些昨晚趕來海釣的人，繼續在碼頭、防波堤垂釣。石滬最遠方之處，才有黑色的岩鷺和小白鷺。我沿著潮間帶信行，彷彿聽到鷸鴴科之鳴叫。抬頭瞧，灰翳之天空僅有野鴿匆匆。

垃圾明顯地更多了。寶特瓶、鋁箔盒、鋁鐵罐、玻璃瓶、廢輪胎……以及枯死之魚骸、狗屍等等，我用計算水鳥種類的方式，抄記著，並且盤算，再過十年，來時又會有什麼光景？

木麻黃林成功地將金黃之細沙阻擋於北邊，讓它們無法再像候鳥般，隨著海風的季節流轉，遷移於這塊沙岸，甚至侵襲淡水漁港。

林子北邊的沙丘因而長高了，淹沒了過去的碉堡和廢墟，木麻黃邊緣也出現不少枯幹和枯枝，這是木麻黃和沙子之間爭奪空間的犧牲品。大幅縮小面積的沙丘，會有東方環頸鴴回來築巢嗎？木麻黃是否有新的鳥種？新的幻滅與希望在腦海裡糾纏。

我走向沙崙海水浴場，站在鐵絲網的邊界，遠眺著海灘的遊客，還有那長長地伸入海邊的瞭望台。一九八二年，我便是從那兒來到淡水河口。

最後，恍如最初之到來，我站在沙灘上，讓海水在腳邊來去，懷念自己的青年時代，懷念一隻東方環頸鴴，單腳佇立，背著陸地、面對大海，如沙丘垃圾之裸露和荒涼。

（一九九六．十二）

Chapter 3

烏溪環境

小時，我們摘採馬纓丹的種籽、花瓣，
熟悉了它的特殊氣味，
進而感覺好像掌握了土地的什麼。
如今多在都會環境生長的孩子，
伴隨他們長大的指標植物，
又會帶來什麼樣的情感，
是否繼續有一種樸實而綿延的生命記[illegible]

荒原之旅——漢寶、全興紀事

這是一趟為觀察罕見鳥種而去的旅行。

我們一行五人，由草湖國中葉秉洪老師帶領，搭乘彰化野鳥學會廖世卿會長的車子，一路開往漢寶。五人中，還有經營精品玩具的陳勝鑄（理事長）、東海大學前野鳥社社長莊訓成（解說員）。除了我之外，他們都是新近成立的彰化野鳥學會會員。

我是被廖會長的幾則精采鳥訊所誘引，提前從台北南下。前幾天，人在台北時，廖會長在電話那端興奮地告訴我，他們在一天之內發現了下面四種鳥：環頸雉、白額雁以及四十多隻彩鷸（只有兩隻雌的）、三十多隻小辮鴴。

純就觀鳥紀錄，一天享有如此眼福，的確很值得，但我的焦點放在環頸雉。六、七年前，旅行全興時，一直懷疑這樣乾旱、遼闊的荒原，應該有環頸雉棲息的可能性。可惜，始終沒有這一緣分。這回趁著晚上在彰化有場文學演講之際，一早便先趕到漢寶看鳥了。

在荒涼又遼闊的漢寶觀察鳥類相當艱辛，小路錯綜密布如複雜的棋盤，路與路間都是大同小異的魚塭、廢田、甘蔗林與溼地，一路綿延不絕的相似景觀，常讓人失去方向感，摸不清楚位置。如果不是當地有經驗的賞鳥人帶路，外地人初來，根本不知從何處尋找特別鳥種。

葉秉洪老師賞鳥已有十多年經驗。這裡的每條溪、每塊地都十分熟稔。不僅整個漢寶，連濁水溪以北至大肚溪以南的地理環境與生物分布，他都能利用自己天文氣象與地理地質的專長，對鳥類的棲息提出獨特見解。

以灰面鷲為例，在這個地區，每年北返的路線，除了大家知悉的八卦山台地，葉老師認為，牠們也會利用此區海岸溼地以東與台地之間的蔗田、花生田等沙地與乾旱田，做為遷徙的主要路線。

葉老師會有這個大膽假設，有一部分證據係來自學生的調查。學生們多半是附近農家的子弟。遷徙季節時，都會在自家農地掛網，張捕麻雀、白頭翁等喜歡吃農作物的平地鳥類。結果，每天清晨，他們到田裡收網時，常意外地發現，不少灰面鷲掛在網上。這是晚上灰面鷲飛下來掠捕齧齒科鼠類，誤觸鳥網所致。灰面鷲會選擇這條線遷徙，主因這條狹長裸露的地區，齧齒科鼠類出沒特別頻繁，可以補充遷徙時消耗的體力。

葉老師還有一獨特心得，他可以從電視氣象報告研判，如果今天到海邊看鳥，是否會遇上颳海風的日子。這個心得對想來此區賞鳥的朋友十分重要，因為彰化海濱地區，十有八、九天是颳海風的日子。

我曾在一本日本鳥書裡讀到，草鴞喜愛出沒於蔗田附近，不知這個根據從何而來。日本的蔗田很少，台灣曾是蔗田王國，這兒也是主要產地。在路上，我特別打聽牠的消息。他們卻毫無印象，這點頗令我詫異。

午後一時，在前幾日發現白額雁的位置，我們和鳥友黃朝洲會合。這個高瘦、喜歡拍鳥的青年，曾有連續四十天守候大肚溪口，觀察鳥類和監視獵鳥者的美談，因而獲得「大肚溪口守護神」的讚譽。

今天的鳥況並不佳，我們在幾個鳥種常出沒的廢田、甘蔗林搜尋。發現小環頸鴴、鷹斑鷸、黃鶺鴒、小水鴨、小白鷺、大白鷺等常見鳥種。比較難得一見的是三十二隻小辮鴴。牠們飛升時，優雅地攤開風鳥們少見的寬大羽翼，時而如扇葉鼓起，在溼地的天空中緩緩滑行而過，畫出一條流動的美麗虛線。

遠方不斷地有小雲雀和大花鷚的叫聲（後者聲音較粗），此起彼落。牠們的叫聲遠去時，愈讓人感覺這個荒原的單調、遼闊。

某一處甘蔗田圍繞的廢田裡，他們多次發現一群彩鷸群，活動於一排木麻黃林下，因而懷疑彩鷸有可能在那兒築巢。但為尊重彩鷸的棲息，始終不敢進去一探究竟。

我們並未如預期看到眾多彩鷸，以及習於隱密，卻偏好曠野出沒的環頸雉。對我這個遠道而來的賞鳥人，廖會長覺得好像招待不周，滿懷愧疚。

彩鷸不見蹤影，田裡卻有成排的鞋印。我們正為這個情形感到納悶，一位鳥友突然提及，前天（星期日）某一學校生物系的老師和學生趕來，也不知從哪裡獲得消息，找到巢位的正確位置，竟然冒失地走下田去，接近木麻黃林。他們或許想查證，冬天時彩鷸是否有築巢，進而在孵蛋。彩鷸遂被嚇走了。這一不顧鳥類生命安危的行徑，委實有待商榷。

聽到這樁意外事件，他們都愣住了，繼而深感自責。畢竟，最早發現這批彩鷸，同時讓這個消息宣揚開來的是他們。他們也不希望，台南四草高蹺鴴被鳥友無端干擾的事件，在漢寶重演。甚而，像曾文溪口的黑面琵鷺，遭到獵人射殺。這個甫於三、四個月才組成的地方鳥會，基於讓更多人來看鳥的好心宣傳，無疑被潑了一盆冷水。

不過，在女性縣長的大力支持，加上他們初學賞鳥的狂熱，這裡已然是整個台灣取締偷獵行動最具成效的地方。有著鄉下人憨厚淳樸個性的廖世卿與陳勝鑄，分主內外，在我看來是一對絕配。他們將自己過去在地方上深植的政經資源充分地運用在鳥會身上。譬如在傳播媒體方面，別的地方可能無法想像，許多彰化縣記者都熱心地成為賞鳥協會會員，每遇鳥事一定鼎力相助。

廖會長更是那種會為了一隻黃鸝被捉在鳥店，衝入市長辦公室，要求市長取締的人。而像陳勝鑄，特別在自己的文具精品店騰出一間空屋，讓鳥會使用，我們也不難理解他喜歡賞鳥的熱情了。

黃朝洲有事先行離去，我們又走訪一些他們才熟悉的旱田、溼地，繼續尋找環頸雉與紫鷺。一位當地農夫告訴我們，他以前就在這裡看過「啼雞」（環頸雉）。顯然他對這種鳥並不陌生。我們讓他看圖鑑，他還指出曾在這裡見過天鵝。

在一座水泥橋墩觀察，看到兩隻彩鷸後，我們又前往一處靠海防的枯木小溪找魚狗。那兒是鳥類攝影家孫清松拍攝各種翠鳥的位置。在這片乾枯、死寂的林子，我們聽到一回魚狗的急促叫聲，其他都是海風的呼嘯。

正要打道回府時，最近才開始賞鳥、拍鳥，隨即變成鳥癡的林英典出現了。天氣冷，海風又撲得兇，大家都穿了夾克。壯碩而寬胖如熊的他，上身套一件T恤，下半身也只著一條短褲。為了看鳥，這位經營一家機械工廠的負責人，竟把工作都交給老婆，自己把大半時間都花在野外。

他剛從彰濱來，看到我們激動地說，適才看到兩隻磯雁。聽到這個消息，我們馬上又乘車趕往全興。

約莫半小時後，抵達彰濱工業區。遠遠看到一家紡織工廠巨大的空廠房。它是一棟大違建，早已廢棄。我愈看愈覺得，它像一處廢棄的遺跡，盤據在溼地，是彰濱工業區開發失敗，黯然撤退的地標。

入口的路已拓寬成四線道，未鋪上柏油，時時塵土飛揚。六、七年前來這裡時，眼前是一條勉強讓車輛通行的小路，兩邊盡是綠油油的草地或水圳、乾旱田。現在，路邊幾乎都是灌滿地下水的魚塭。看到大地這樣全然破壞，處處荒涼的景象，自己早已麻木不仁。大概是看多了這種風景吧！

車子駛進一塊偏遠的魚塭，過去我從未深入到那兒。結果我們依林英典的指示，找到了那兩隻磯雁。牠們和五隻澤鳧緊靠在北邊的角落位置，把頭埋入身子，躲避風寒，偶爾才露出臉來。到處都是魚塭，為了確知牠們每回受驚擾後飛往何處，整個早上，林英典都在這塊廣闊的荒涼地域裡開車尋找。費了一段時間，好不容易才查出落腳的三個位置。可是，只顧天空的飛鳥，他竟不小心地把車子開入旁邊的水溝。

「終於有一隻稀有迷鳥可以交代了！」看到磯雁以後，廖會長放了大半個心。他真擔心以今天這種不豐富的鳥況，實在無法招待我這樣遠從台北趕來的客人。看他那麼盛情，我不忍告訴他，以前在華江橋已看過磯雁兩三回。

這一次和彰化鳥會的觀鳥之旅，最大的收穫倒也不是鳥，反而是認識了這些中部熱情有趣的鳥友。這一批新近才開始瘋狂看鳥，進而組成鳥會的朋友，和台北的鳥友相當不一樣。他們多半是年過三十事業有成的中年人，在安排個人的生活時，選擇了賞鳥做為他們（甚至是一家人）精神生活的寄託。他們仍處於快樂而瘋狂的認鳥階段，帶有較多的浪漫色彩。

我曾有一絲念頭閃過，如果不是賞鳥，他們是否會和許多台灣人一樣，以常有的暴發戶心態寄情於休閒生活呢？可是，他們選擇了賞鳥！雖然才起步，還在用一種不是很圓融的愛護方式，關心他們自己的家園，但他們正朝一個正確的方向走去。

天氣漸暗，寒風愈來愈大，又是那種大肚溪口特有的強風，颳得整個海岸溼地更加淒清。放眼望去，大地只剩一色冷灰，杳無人煙。天空裡，偶有幾行鳥跡。

十年了，這種冬天的孤寒，仍像我第一回到大肚溪口所見一樣，沒有人會想在這兒久留，除了一代一代熱情的賞鳥人。

我也無端想起另一個自然寫作者王家祥。學生時代，他在此觀察一年後的感觸如下：這個荒原是鳥類、野兔與囓齒科，以及賞鳥人的樂園。

（一九九二）

梅峰之心

兩千公尺的清晨伴著山鳥的聲音，從窗口如潮汐般湧來，總是叫人捨不得晚起。七點時，興沖沖地帶著兒子奉一，和一群中部地區的中小學老師，沿著中橫公路支線，從梅峰往松崗的方向散步。我們來這兒上一堂中海拔自然生態的野外課，路邊高大的原始林木，都是觀察高山鳥類的範圍。

在前帶頭的是資深鳥友蔡牧起，二十多年來，他都在梅峰台大實驗林場服務，對這兒的自然環境如數家珍，有他充當解說員最適當不過。最早和蔡牧起相遇，已是十年前的事。為何印象特別深刻呢？因為當天（記得是禮拜天）他帶著全家人，專程從南投開車到台北，趕到野柳岬角，和我們一樣，急欲目睹一些特殊而稀有的冬候鳥。

和我們一起南下的鳥友沙沙，對高山鳥類造詣頗深，八〇年代中期，曾寫過一本甚受矚目的高山鳥類圖鑑《忽影幽影鳴山林》，裡面還有許多精采敘述，值得賞鳥人做為觀賞高山鳥類的輔助書。此行有他搭配蔡牧起，兩旁所有鳥聲、鳥影都躲不過，至少多發現十來種。

遊覽車不時經過，帶來喧雜的引擎轟隆聲下，三、四隻灰林鴿戲劇性低空而來，寂然地劃過隱密的林子。牠們的尾羽較長，缺少經驗的賞鳥人，很可能會誤認為是落單的鴿子，但牠們可不像鴿子那般喜歡盤飛。

一路上都是藪鳥嘹亮的鳴叫，充分告知了我們站的位置就是中海拔的闊葉林。牠們大致上仍只有那兩種典型的叫聲，「吉、吉蟻兒」和「吉、吉、吉、吉」。最近有一份專門研究的報告說，前者是雄鳥的鳴叫，後種叫聲則是雌鳥的鳴叫。這樣的看法頗具爭議，截至目前尚未定論。

對著隱密的林子，蔡牧起學著白耳畫眉的鳴叫，林裡隨即有了回應。我也興奮聽到，旁邊有人喊著紅胸啄花鳥的名字，那像是聽到人在呼喚自己童年的小名般親切。紅胸啄花鳥有兩、三隻，正發出竊竊私語般的「嘰、嘰」聲，在高大的樹木上跳躍、啄食。牠彷彿是站在巨人肩膀上的小矮人，東鑽西探，胸口還別了紅色的一朵玫瑰般，靈巧而可愛。每次遇到牠，總是站在高立的大樹。不知何時才有機緣，接近這種台灣最小的鳥。我一直期盼著，能有一回的森林旅行，剛巧站在一處離牠兩、三公尺，齊肩的位置，可以看清全貌。

綠鳩也來了！牠們是中南部森林常見的鳥種，在北部可罕見。印象最深刻的一回，在巴福越嶺。冬日午後，我走入山霧籠罩的陰冷森林。牠發出了低沉如魑魅之叫聲，奇特而令人不安。難以形容那詭異的叫聲，試著用四個字組合如下：「呼幽烏污——」。

接著，又聽到有人叫著黃腹琉璃鳥的名字。遠眺著，果然有一隻抬頭挺胸，自信無比地把黃澄澄的胸部，

95 條紋松鼠

挺得比夕陽還飽滿。

奉一在乾枯的水溝裡發現了許多寶貝，那是殼斗科堅硬的果子。蔡牧起說不知為何，今年這種樹的果實長得特別多。仔細瞧，這些殼斗科堅硬栗子，許多頭都被啃咬出一個洞，大概是條紋松鼠的傑作。我隨即問奉一：「這是誰吃的果子？」

他回答：「龍貓。」

「龍貓住在這兒嗎？」

「對啊！很久以前，牠和恐龍都住過這裡。牠們把栗子吃光，餓死了。現在只剩下我們。」

嗯，恐龍絕種了，是我教的！

突然間，林子裡傳來單調而空洞的「ＰＵ」聲，蔡牧起和沙沙不約而同地研判是綠啄木。聆聽這兩個高山鳥類專家的對話不僅有趣，而且獲益良多。沙沙

綠啄木

說，有時綠啄木還會發出一種電鑽聲。蔡牧起則說這兒通常只有兩隻綠啄木而已。我遂想起一位鳥類集音專家劉義驊。他製作的CD，裡面便有綠啄木空洞兼及空靈的叫聲，那是中海拔最迷人的山音呢！

接著，又有一群鳥如落葉，翻飛過林空。大家還來不及辨認，沙沙已確定是六隻紅山椒鳥，其中一隻是雄的。蔡牧起補充說，有的雄鳥亞成鳥也是黃羽。沙沙進而提到，牠們常有單性群飛覓食的傾向，也就是說一群裡面，可能都是雄鳥，或者都是雌鳥。最近，我也聽一些賞鳥朋友討論過，紅山椒出現成群紅色或黃色鳥群，是有季節性的。意即，有時會有一陣在某一區都看不到紅色型的雌鳥。

紅山椒鳥

然後，我看到許久未見的通草了。有兩株正盛開，冒出黃茸茸的花蕊，把所有賞鳥人的眼光都吸引住。這麼高的海拔，居然還有通草生長得如此壯盛，突地有他鄉遇故人的欣慰。

抵達松崗後，離開大路，爬上一條果園的小徑。不久，進入一座原始森林的隱密小徑。按蔡牧起的說法，這座森林從未開發。我們正走入時光隧道，回到一個台灣三、四百年間的森林。林冠上層相當隱密，每一塊透光的空間都被占據，陽光根本無法照射進去。雖然久未落雨，空氣浮動著陰暗與潮溼的氣味，各種菌類從腐木肥美地冒出。踩著的地面，盡是鬆軟的落葉層。不時遇到倒木，必須橫跨過去，奉一還小，只好用鑽的。能夠在原始森林鑽探、冒險，他回去可以跟同學吹噓半天了。

半個小時後，抵達一處種植著高麗菜的高原田地。一隻曙鳳蝶掠過，牠引領著我和孩子滿懷喜悅的心情，滑向下方的松崗和清境農場。往那兒鳥瞰，整個集水區的山坡都被開墾了，除了怵目驚心，實在找不到更好的形容。

走下林道時，發現一具哺乳類動物的屍體，被壓扁在石子路上，毛背上有兩道黑毛斑紋，是隻條紋松鼠的屍骸。我和奉一都很驚奇。雖是乾枯的屍體，那麼接近條紋松鼠，還是首次。

中途，看到了一棵台灣獼猴桃，暗紅色的果實纍纍垂掛，現在正是最好的摘採期。

「想不想吃猴子吃的水果？」

奉一原本不敢吃，聽到我這麼說，咬了一口後，還想再吃。

它的長相像小了一號的奇異果。摘了吃，酸中帶點甜，不若市面上的奇異果，但卻別有一番野生的風味。這種攀緣性落葉喬木，低海拔是見不到的，特別摘了兩、三顆，準備帶回去給小兒子吃。

陰森的林道裡，黃山雀來了！台灣特有的品牌，再加上美麗而婉轉的叫聲，又把所有人的目光全吸引住了。每個人都像警戒的鷺鷥，把脖子伸得又高又長，像一叢叢競生的杉木，全往

茶腹鳾

近半百公尺高的林冠尋找。我想像著，牠高豎鮮明羽冠，黃胸巨大，自信而允當地挺立在黝深的巨木林。多麼想單獨在一個晴朗的日子，在安靜的森林，和牠靜靜對望，仔細而長時。

一棵巨木上，來了善於攀爬，又偏好倒立行走的茶腹鳾。牠們跟青背山雀組成覓食團體群喧嘩到來。接著又有白耳畫眉、紅頭山雀。然後是另一波，吱吱喳喳的冠羽畫眉族群。高山鳥類覓食團體成員之間的關係到底如何，一直沒機會觀察。希望有朝一日，能在高山上長住，徹底了解牠們的情況。

回到宿舍大樓。奉一和其他小孩在草地上捉蚱蜢。我抽空進入教室，聽一位老義工講課。老義工穿著陽明山國家公園的制服，講述一個解說員的條件：「穩重、親切、堅定、熱忱。」那誠懇而堅定有力的聲音，把這幾個意義生鏽、僵化的舊字，再度磨亮，釘入自己的腦海。感謝這位前輩提醒我，對這個工作，我有點疏離了。誠然！一個成熟的自然觀察者，勢必也是一個熱情的解說者。

老義工綽號王老虎，四川老家已沒有親戚了。大象林旺和老婆馬蘭是他的好朋友。現在是陽明山國家公園和台北市動物園的長期義工。他繼續熱忱地對老師們演講，像座台灣山巒般親切。在他身上，誠摯流露著自然觀察者素質裡最好的一面。

走出室外，繞道去觀察實驗場的人工水池。它大約一個籃球場大，時節近秋末了，蜻蜓並未出現。後來問蔡牧起，他說雖然是高山，人工水池的冬天，不僅有紅領瓣足鷸、小水鴨滯留，草地上也有金斑鴴棲息。夏天時才有大群蜻蜓群集，但總是突然間就消失了。

孩子繼續在捉蚱蜢。望著蔚藍的天空，一排赤楊只剩兩、三片枯黃葉子，懸垂在枯枝上，彷彿秋天還勉強繫在那兒搖晃著，隨時會落下來。然後，就是冬天了。今年冬天，我不想遠行，只想在他們學校附近找一些菌菇、一些漿果。

（一九九五・十）

台中公園見聞錄

兩位主婦聯盟的朋友陪同我，前往台中公園觀察。這裡是台中主婦聯盟訓練「綠人」的主要場地，她們固定在此訓練有興趣的義工，從事幼教的自然教學。

台中缺乏林相豐富的丘陵和水文生態多樣的河川。在我理想中的城市自然教學環境裡，這兒排名相當末端。粗淺的印象裡，除了大坑和筏子溪，一時間真想不起適合之地。

面對這個老舊公園，我帶著走進荒漠的心境，試著想找一些有趣的內容，做為和台北新公園的比較。不過，隨同我去的王冰心，對我的看法並不盡然認同。她覺得，這兒非常適合柯內爾的自然教學方法。熱情的教學希望和自足，洋溢在這位中興大學博士班學生的臉上，我的憐憫顯得過於自作多情。

其實對這座一九〇三年即興建完成的老公園，我始終有著至深的情感。學生時代在台中一中就讀時，經常騎腳踏車經過這裡。對諸多大樹的蒼老、巨大和氣根懸垂等的美好印象，更是源自這個精緻的小型公園。

只是隨著八〇年代都市空間的放射發展，外環新商業區和住宅區的擴張，台中公園已無法負荷百萬居民的休閒。它像一個位於狹窄老街旁，暗黑、低矮的沒落老店，無人理睬。最後淪為流鶯、流浪漢和老人集聚的公共領域。沿著公園路邊步行，我清楚察覺，這三種族群的人不停地穿梭於途。

根據王冰心一行的調查，公園的樹種少說有上百種。我印象最為深刻的是高大的爪哇合歡。還有成排環湖，葉形鈍圓、堅毅的金龜子樹。寒冬時開黃花的鐵刀木和成排的柚木，更讓我嗅聞到南方的暑熱氣息。

另外有四種樹，樟樹、鳳凰木、榕樹、茄冬，大抵為台中城二、三十年前的綠色基調。同時是許多老台中人童年啟蒙的樹種，自然生活的胎記。它們原本散居於台中棋盤街道的兩旁，因為都市發展而逐一消失。台中公園還有，彷彿如自然博物館般的殘存。

除了高大而蒼老的大樹，公園裡幾無綠色可言。一般公園除了樹林，還有廣闊的草地供民眾倘佯。台中公園已找不到這樣的地方。無論大樹旁，或者是行人道旁的空地，都是堅硬如水泥，寸草不生的土壤。雨水難以滲透，遑論雜草。這是一個老公園最常看到的老化情形。據說台中公園每年都有一筆修建預算。就不知花到哪裡去了？重新翻耕台中公園的地表是當務之急的工作，至少要讓地表能長出草皮，讓各種小動物如蚯蚓、蚱蜢、蟋蟀等在這兒棲息。

公園入口有三、四個橢圓形的花圃，也是教人驚異的奇觀。市政府每個月派人定期來，在這些花圃種植不同的園藝花朵，供遊客賞心悅目。然而，這些花大筆金錢栽植的花圃意義到底有多大，是否符合大眾的休閒價值，都值得商榷。

在市中心缺乏天然綠地時，如果讓這兒荒廢，經營為雜草叢生的昆蟲區，它的意義會變得多元，至少即可看出多種成效。譬如重新讓公園有更多昆蟲棲息的環境，小學生不僅有自然教學的樣區，還會成為觀光旅遊的新景點。市府還能省下可觀的園藝經費，做為其他老人福利或流浪漢的補助。

除了花圃可議外，旁邊的網球場也相當刺眼。在寸土必爭的公園裡，裡面竟有一處寬闊的網球場，我更覺得不可思議。據說，這個網球場是一些特權人物休閒的場所。一個都市的景觀公園裡，竟能設置為少數人的運動空間，無疑是強暴了市民掛帥的都會空間。

另一處教人瞠目結舌的地方是湖裡的噴水池小島。這個圓形、天藍色的水泥小島，醒目地矗立湖心，卻毫無新意。但我更大的焦點集中在後面的涼亭，如果要有所改變，朝一個新都會的生態公園建設。我會大膽建議，將湖中的日月亭廢棄，讓它成為一個無人小島，只讓烏龜、秧雞等鳥類棲息。一則，一個小小的湖實無必要設置涼亭。二來，這樣較符合恢復成荒野的機制。

當然，這個構想過度狂野，這一沒落的公園也並非一無是處。主婦聯盟的朋友因地制宜，在此找到一些教學的方式。她們利用了台中公園最大的特色：老樹和人文古蹟。這點和台北新公園的情況有點類似。兩個日治時代即誕生的公園，雖分立南北兩地，在都會的發展下，卻遇到了相似的困境。

以老樹為主角的自然教學，出現了一些有趣的老樹文化。譬如她們讓孩子摸樹根，感覺老樹存在的意義，瞭解老樹歷史和都市的關係等等。孩童和老樹之間的互動，始終存在著很大的空間可以發展，值得現代的自然觀察者繼續發掘。

這個失去生命力的公園，正是台中舊市區面對城市劇烈變革後的小縮影。一個城市要重新恢復它較被稱許的面貌，這個浩大的工程無人可以想像。它繼續是卡爾維諾筆下「看不見的城市」之一，我們變得「記憶過剩，而且多餘」，城市則「重複著符號」。我們繼續感傷、懷想美好的過去，城市卻繼續踐踏著鄉愁。

但是，要賦予一個公園新的生命並非難事。只要住民的社區意識改變，對城市的自然環境品質有所追求，它是有可能被實踐，而且花費很少代價。

（一九九四）

回到八卦山——大佛區地理景觀步道行

母親娘家在彰化八卦山下，小時候每次跟她從台中回去，過了長長的大肚溪橋，我和弟弟都會趴著左邊車窗，急切地遙望著八卦山。我們爭搶著，誰先看到山上的大佛。沒多久，大佛總會以半身側臉，浮露青綠的山頭。我們也在大佛的凝視下，快樂地進入彰化市區。

時隔半甲子了，公路局的車子繼續走在中山路上。車子經過大肚溪橋後，我突然發現，自己剛巧坐在左邊靠窗的位置。不免望向八卦山，想到了往昔的情景。惟幻想終究是虛幻，我的眼前已是商街店面，大樓層層林立，擋住了後面山巒的高聳，且時而優柔起伏的形容。好不容易看到大佛露身了，沒幾秒又消失在城海裡。如此忽隱忽現，抵達八卦山山腳時，童年時的美好感覺，早被沖洗乾淨。

但孩提時很遠很遠的山頭，現在變近了。從文化中心後面寬廣的石階上山，一刻鐘不到，大佛像就遙遙在望。

只是我近鄉情怯，走得很慢，像一隻遷移的毛毛蟲，緩緩蠕動著身子。以一位自然觀察者的經驗，努力地咀嚼著昔日童年的記憶。

這塊著名的卵石紅土台地，像一顆頭小尾大的瓠瓜。大佛所佇立的八卦山，正位於瓠瓜的頭部。我所經過最高的位置，還差三公尺才滿百。但台地南端，最高地松柏山也不過四百出頭。

石階兩旁，我注意到大量栽植，年歲已久的鐵刀木，以及冬日猶青綠的樟樹林。未幾，又記錄了僅剩枯枝和紅葉，形影蕭索的烏桕。它們形成了最北端台地上的三種重要植物群，僅次於優勢的相思林。

坐落於八卦山台地的相思樹族群，和我熟悉的台北盆地族群有著不同的生活際遇。這裡的環境苛刻單調許多。不論芒草紅土，或者落石堆橫陳的林子，都瀰漫著荒涼、乾旱的色調和氣味。

唯有黑眼花，露出奪目的鮮黃花瓣，伴和馬纓丹、姬牽牛、三角葉西番蓮。這一類耐旱而低矮的灌叢和攀藤，堅毅而自如地蔓過這座低矮的山陵，蔓過我的記憶。這種現今中南部低海拔的優勢族群是外來種，四時常開。比起馬纓丹來台的歷史還淺，卻在短短幾十年竄過馬纓丹的聲勢。

小時候，我們撿拾馬纓丹的種籽、花瓣，熟悉了它的特殊氣味，進而感覺好像掌握了土地的什麼。如今在台地生長的孩子，伴隨他們長大的指標植物，恐怕會是這種黑色花蕊、果實善於彈跳的野花了。那又會是什麼樣的土地情感？是不是繼續有一種樸實而綿延的生命記憶呢？

不管黑眼花或馬纓丹，都繼續蔓生，覆蓋過祖先的墳地，覆蓋過這個貧窮的土壤。還記得十三歲那年，外公家族大大小小二十餘人，浩浩蕩蕩開車上山來祭阿祖。台地上貧窮人家的孩子總以為是城裡有錢人家來了，二、三十人蜂湧而上，像一群蒼蠅圍住了食物，嗡翳不去。

祭拜結束，舅舅從口袋裡掏出裝滿一角和一分錢的布袋，把銅板撒落在紅土飛揚的台地上，野大的朔風裡，圍聚的孩子們不顧一切貪婪而興奮地搶拾、打鬥和吵架，最後歡喜離去。灑錢似乎是八卦山台地清明時節的儀式，博得神明眷祐的好頭采。

而我望著冥紙紛紛翻飛，升入高空，像無數斷線的風箏，飛離台地。那時節，灰面鷲群也在天空掠境，尋著八卦山台地，掠過相思樹林，或駕馭南風，從這裡出海，回到北方的家園。我和牠們的祖先照會，似乎在那時已悄然牽了線。

前幾年，縣政府在更南方的相思林山區設立了觀鷹台。那兒的林子隱密而濃蔭，灰面鷲依舊尋著祖先飛過的路線，繼續經過台地。唯獨我已經很久沒有回來祭祖、賞鷹。

我尋著大佛地理景觀步道信行，縣政府規劃了一條簡單的自然觀察路線，豎立了十幾個解說站，敘述著相思林、台地環境和馬纓丹等重要生物景觀在此出現的意義。這些都是我在北部已相當熟悉的題材。或許是都會性格關係，台北人解說這方面的內容，明顯更加精緻而多面向。

其實，有關八卦山自然和人文間互動的內容也相當豐富，值得地方人士長期蒐集、消化。譬如嶺月女士在描述謝東閔資政《阿喜》一書提到，日治時代，日本人要將八卦山對面的大肚山劃為保安區，禁止森林砍伐。一些窮困人家長久以來就是靠砍柴維生，顧不得犯法，經常冒險去砍柴。倒楣的，被日本警察捉到，常遭受嚴刑拷打。

這個故事便點到了此地相思林自然生態環境的問題。八卦山正如大肚山，長久以來缺乏林木，主因也是百年來過度的林木砍伐所致，再加上土質原本就惡劣，因而形成林木荒蕪的景觀。

經過旁邊的民族新村眷村時，我注意這些因開發而「拓墾」出來的貧困村子，栽植的果樹大抵不出番石榴、龍眼、芒果、楊桃和木瓜。我比較好奇的是釋迦的出現，這是北部較少看到水果。

這條橢圓形步道的路線規劃並不合宜。一大半以上的行程，被迫緊鄰著寬闊的雙線道馬路，附近又有廣闊的公寓社區、學校機關以及遊樂區設施。能夠做為觀察的植物內容相當貧瘠，連昆蟲都出奇的少，我只勉強看到稀疏的紋白蝶和螳螂。

可是，我還是看到了一個相當振奮的小景觀。在一處混雜林落葉的旱地上，出現了無數的黃色土堆，有若蟻窩。如此稀鬆平常的土地，我卻有著熟悉而親切的驚喜。

小心地撥開隆起的黃沙堆，一個深黑的小洞露出。小洞裡住了一隻小時叫做肚猴的蟋蟀。肚猴較一般蟋蟀淡色而肥胖，善咬樹根，平常不會跑出來鳴叫。以前台中市平地很多，我們常用罐子裝水灌土洞，把肚猴驚嚇出來，這個遊戲叫做灌肚猴。現在平地開發過度，肚猴很難看到了，自然看不到灌肚猴的情形。只有在這個荒涼的山區，還生存著大量的族群。

但夏日時，八卦山會是什麼樣的景觀呢？我緬懷著半甲子前，一名少年和他的弟弟，各自拎著竹竿，竿頭黏滿黑色柏油，穿過陰涼的森林，尋找著蟬影的美麗夏日。

我深信這環境依然健在，震耳欲聾的蟬鳴聲應該還會漫山遍野的，繼續以寂寂之海溢滿台地的單調，繼續蔓出紅色土地的乾旱與荒蕪。

（一九九七・五）

水沙連紀行（一）

山櫻花

每年的春天如何到來，要尋找指標植物，恐怕非山櫻花莫屬了。元月時，我們在台北盆地觀察。樹幹暗黑禿裸的山櫻花，多半會從枝椏冒出紫紅小花。三月初，花瓣快速掉光，轉而嫩葉扶疏，連青綠的果實都一併成熟，呈現暗紅之姿，可以採食了。

沿著盧山旁的公路，一路上，我卻看到不少山櫻花還盛開著，夾雜在霧社櫻和吉野櫻間。有些樹根周遭，還落滿紫紅的花瓣。

從它們身上，我看到了春天的足跡和速度。元月時，春天才剛剛抵達平地的位置，但它慢慢地爬升。我約略估算，猜想是一天一公里多的行程。它慢慢地往上爬，一個月後，抵達了一千公尺海拔的山區。山櫻花也提前在不同海拔不同時段開花，一路迎接它的抵臨。

啄花鳥和桑寄生

我們來晚了，楓紅的季節已經接近末期。山脈雖殘存著層層紅黃的樹叢，但已不若先前幾個月的綺麗。那種大塊大塊的紅黃，吸引我們注意的情境，還要等到九月。如今是一些光禿的枝椏和初發的嫩芽，青澀地迎接我們。

接近翠峰的公路兩旁，不經意地發現許多綠色小圓球形的植物，出現在枝椏禿裸的楓樹和殼斗科等喬木上。不識者，還以為是新發的綠芽集聚在一起。其實這是一種著名的寄生植物，叫桑寄生，喜歡附在楓樹上，形成此一形體。

桑寄生如何在每一棵樹上攀附、繁衍呢？它們是靠著一種台灣最小型的高山鳥類，啄花鳥的傳播。秋天時，沿著高山公路觀察，一群群的紅胸啄花鳥喜愛在這些大喬木上來去，輕快地吱叫，在枝椏間尋找桑寄生的種籽覓食。

啄花鳥吃了，排泄時，因為桑寄生有黏性，有些種籽仍黏在屁股上。啄花鳥覺得不舒服，只好就著枝椏磨擦屁股。桑寄生的果實順勢便黏在這些大樹上。到了春天時，它們也搶先發芽、長葉，在喬木上占一席之地。

日本樹蛙

深夜時，打開八樓窗口，從下榻的盧山旅館豎耳傾聽，六樓的卡拉ＯＫ歌聲夾雜著早春的冷風撲面而來。歌聲停歇時，依傍的塔羅灣溪，潺潺的流水聲浮升而至，減低了我的焦慮。

我清楚感覺，近處有溪水磨過纍纍溪石的淙淙之聲，遠一點則是溪水急速流滾的豐沛聲響。可不同遠近的溪水聲音裡，還夾雜一些清澈的雜音起起落落，有點像螽斯之類的蟲聲。但這個季節還冷，螽斯和蟋蟀還不會鳴叫。如此研判，這是誰在暗夜裡發出穿透急湍溪水的清澈鳴叫呢？我研判，應該就是此行想要目睹的日本樹蛙了。

日本樹蛙並非只在這裡棲息，全台各地的山區都有紀錄。牠活動的季節也非此時，除了先前的寒冬，幾乎全年可見。我為何挑上這裡，並沒有什麼自然志的情懷，僅只是因為知道這兒是溫泉之鄉。但光是溫泉這兩個字，就讓我興奮莫名了。過去，我常跟喜歡觀察自然的人提醒，有日本樹蛙未必有溫泉，但有溫泉處，必有日本樹蛙。在台灣各地的溫泉環境，我已有好幾回經驗。難得上抵海拔一千公尺以上的山區，我依然想印證。

我也期待享受溫泉浸泡時，一邊聆聽著如蟲鳴蕭瑟般的蛙鳴。那些長相如小蟾蜍，體型較小的雄蛙，正在溪邊小小的開闊地，各自盤據著一個潮溼的小天地。在迷濛而微溫的煙霧裡，傳送著牠的情歌。這時，旁邊若有一罐溫酒伴飲，相信這個夜晚就更充滿自然的詩意了。

我和幾位朋友相邀，順著唯一的吊橋，持手電筒，摸黑下溪去探訪。沿著湍流急速的溪畔，一路搜尋，卻未聽到任何聲音。抵達一處小沼池時，停下腳步。沼地不遠處，有一個埋設的下水道出口，正噴發出溫泉和蒸氣。

小沼池並無半點聲響。可是，它頗為開闊，適合日本樹蛙棲息，況且四周已無更好的環境。我們根據經驗研判，這兒應該有不少可能因我們接近，暫時噤聲。於是，全蹲下來等待。

沒多久，此起彼落的聲音，開始從小沼池裡斷續發出。用手電筒照射，果然看到了好幾隻其貌不揚的雄蛙，正在溪石和沼地裡靜靜地等待。牠們的色澤變化甚大。在綠色苔蘚較多的環境，日本樹蛙的色澤顯得較為暗綠。在被溫泉燻成褐黃的卵石，背部也轉變成相近的暗褐色澤。數量明顯偏少、體型肥胖的雌蛙，幾乎都名花有主。每隻身上至少都有一隻體型小了一號的雄蛙，緊附在牠的背部。

日本樹蛙為何喜歡在溫泉的地方出現，牠在那兒覓食哪一種食物呢？回來後，特別就教蛙類習性嫻熟的陳一銘。他研判去那兒，只是為了繁殖。

日本樹蛙一年四季皆可繁殖，除了冬季，其他季節，在一些非溫泉的溪流和沼地，我也遇見過。但冬天時，天氣變冷，只有溫泉之地水溫較高，較適合牠們的後代生存，牠們遂集中到此。經過長期演化，日本樹蛙的蝌蚪也較能忍受溫度高一些的水域，進而覓食水裡的食物（大概是藻類）。

或許，其他蛙類也想，但在早年的演化過程裡，牠們的蝌蚪卻無法忍受變化甚大的溫泉。久而久之，溫泉之地遂成了日本樹蛙的專屬棲息地。至於，蝌蚪能忍受的底限，到底是多少度呢？相信蛙類專家應該有研究的。

三寸魚

接近日月潭時，腦海裡浮升的盡是一種奇怪的魚種。十幾年前，一位喜愛采風的記者林明峪，在報導各地特產的專書《大快朵頤》裡曾描述，這種奇特的魚種是一道油炸名菜。

當地人多半也知道，這種魚不僅是觀光旅遊特產，也是早年的重要產業。在此傍湖而居，族源依舊迷離的邵族，稱這種魚叫「奇拉」。後來，漢人來了，因音直譯為奇力魚。前幾個月，剛巧讀到這篇報導，特別翻查魚類的相關圖鑑，意外地發現圖鑑上的別名竟沒有奇力魚的稱呼，不免對牠的真正身世起了興趣。

搭乘日月潭號遊艇，繞行北邊的日月潭時，我仔細地沿岸搜尋。枯水期的日月潭，岸邊泊靠著許多船屋。我渴盼發現捉奇力魚的「草波」，但一個也未見到。

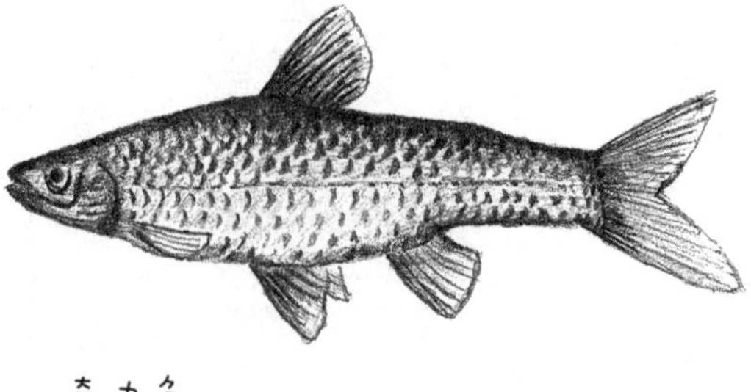

奇力魚

「草波」是一種邵族設計用來捉捕奇力魚的竹筏，主要用麻竹編排而成，上頭栽植一些水草，再以一條連結的繩子繫到岸邊。

晚近船屋上捕到的魚穫，主要以大型曲腰魚為多。曲腰魚也是日月潭附近飯店的名菜，以前，蔣介石常來這兒巡視，當地人便獻上這種魚。從而尊稱為總統魚，聲譽更凌駕奇力魚。但牠並非日月潭的特有種類，台灣各地的大湖，都有這種長達三十多公分的重要魚產。大概是這兒湖大，天然味更重，才受到饕客們重視吧？

晚間，在天盧飯店接受款待，席間吃到的便是這種名魚。佐以肉黃的破布子果實，蒸煮而成的曲腰魚，果真名不虛傳，多了一種淡水類大魚少有的細膩和鮮嫩。就不知當年蔣介石嚐的是否為同樣料理，因而種下了奇特的別名。

未見到半個「草波」，不免急切地請教旁邊的地方采風專家黃炫星。他說，目前還看得到一些，至於，為何今天未看見，他也說不上理由。後來，我研判，大概冬天是捕獲奇力魚的淡季，「草波」較難發現。秋冬之後，奇力魚常躲入較深的水域。清明之後，才大量接近水面，集聚水草叢附近活動和產卵。仲夏時分達到高潮。

一百二十年前，基督教長老教會甘為霖牧師來此傳教時，邵族人並未廣泛使用

「草波」，因為天然的草嶼四處可見，這些天然草嶼皆密可立人。邵族依此設計了一種魚簍子，前一天擺在草嶼四周，誘捕這種不過十來公分的小魚。隔天早上時，再去一簍簍收取。

民國二十三年，日月潭建水壩後，水位高升二、三十公尺，草嶼漂浮不定，造成入水道阻塞。多半由管理人員撈上岸，自然乾死。邵族人不得不全面使用人工的「草波」，取代消失的草嶼。

奇力魚和邵族的關係，一如飛魚之於達悟族。牠們是邵族人重要的食物來源。巧妙的是，他們吃這種魚並非只是吃肉而已。據說，奇力魚身小多刺，味道並不鮮美。邵族人主要是用來鹽漬，成為傳統的醬菜，也是重要的食鹽來源。

漢人來此落腳後，在捉捕時，一樣利用草波，但在食用上，還發明了油炸一途，成功地向觀光客促銷。

我會對奇力魚產生興趣不僅於此，主要是地方的文獻裡，曾經發生過一件歷史公案，涉及到此魚和邵族的生產方式。

原來，早在三百年前（一六九五）清朝時高拱乾主修的《台灣府志》記述到如下的傳聞內容：「木排田，在諸羅半線社。四面皆水，中一小洲。其土著以大木連排、盛土，浮之水上。耕種其中。若欲他適，並田扯去，皆蠻人所不經見者。」

當時的「諸羅半線社」，就是今天的日月潭。而土著之「木連排」，無疑就是我們稱之為「草波」的浮田。一個在當時被視為落後的民族，竟在內山地區種植水稻，對以稻米為主食，並視為高度文明指標的漢人民族不免吃驚，自然特別重視。

後來，這種湖上種稻的浮田說法，言之鑿鑿，流傳好一陣，在清朝文獻上屢被提及。一百五十年前，才有清朝官員鄧傳安，親自前往踏查。但他只看到一些類似我見到的船屋。他在《水裡社遊記》提到：「傍嶼結寮為倉，以方箱貯稻而已。」並未見到浮田。至於，用方箱貯稻（或是其他粟米？）泊於水上，咸信是為了防範鼠害之故。

可惜，這位最早到日月潭的傑出觀察者所提出之觀點，並未全然受到後來的人採信。惟直到晚近二、三十年間，仍有邵族在潭上種植水稻的說法。

說到此，到底牠們是什麼魚呢？後來，我在一張南投風景管理所的摺頁裡，意外地發現了這種魚的近身照片。按圖索驥，從牠的嘴形、側線和斑紋，終而確定，牠就是各地低海拔河川、湖泊都不難發現的克氏鱎。只是因為和邵族的關係，也因為在日月潭，這種魚種遂出現了地方色彩，遠比其他地區的同類自然符號豐富了。

路經合歡山

天氣晴朗的清晨，從盧山開車上合歡山的路途，建構台灣山巒的龐大骨骼和渾厚肌稜完全畢露。不馴之雄偉，邈邈無岸。總像一個永遠的印記，烙在我的胸臆。台灣的山就是這般令人難以忘卻，才一陣沒來，就開始有濃厚的鄉愁了。

這裡也是唯一不須長途跋涉、攀爬，就可以發現高海拔風景，壯闊地橫陳眼前的地方。箭竹草原、針葉林、森林線、碎石坡……你只要有一輛車子，沿著中橫支線就會邂逅，並且隨時都在快樂而驚異地旅行裡享受風景。

早春的殘雪依舊留在奇萊山群峰，這個因山難而兇名遠播的山頭，現在離我們最近了。由那兒往北眺望，南湖大山和中央尖山在雲靄的虛無縹緲間，堅實地存在著。遠遠的玉山山脈也是銀白皓皓，但獨自擁有一番孤獨，和中央山脈保持一個明顯地理上之隔閡。地理學者說這是另一個橫向的山脈，有別於先前敘述的中央山脈之縱貫。這樣生硬的地理描述著實惹人煩，我喜歡白一點的說法，這就是一些武俠小說愛形容的，各擁山頭自立。

這一波波的山巒在雲霧裡，渾厚如洪荒之初，繼續禁錮著大自然奧祕，以及台灣自然志的種種傳奇。匆匆一遊，順道記之。

（一九九六．四）

水沙連紀行（二）

紅土印象

鳳梨、檳榔、生薑、茶園、木瓜和狗尾仔草，經過八卦山脈南端，接近名間鄉附近松柏坑山坡，我目睹到的主要產業景觀大致如此。

前個月，在山脈北端，接近彰化市區的紅土台地旅行。那兒多半是觀光風景區，以及相思樹的殘留林。南端的產業，光是看到上述栽種的果樹和蔬菜名字，稍具農業知識的人也不難想像，這是土壤較貧瘠而乾旱的環境。台地兩端，因靠近不同的鄉村生活圈，呈現著迥異的產業內容。但過去檳榔並不在這兒栽植，由此我們不難感受到，隱藏在紅土下的危機訊息。

在這裡旅行，難免有著複雜的壓力，環境如此惡質，農民卻仍辛勤地拚鬥。這兒的紅土台地竟形成難得一見的高密度農業開發，但山坡地的破壞和水土流失，無疑的會更加嚴重。這裡有著人定勝天、大地反撲的複雜弔詭情境，暗暗地鬱結在禿裸的山平線。

從小，這塊紅土台地就留給我甚少昆蟲的印象，除了夏季的蟬鳴，腦子裡轉來轉去的都是荒蕪景觀。一路上無鳥無林，更加深了童年時延伸至今的記憶。

整塊紅土大地彷彿沾了暗沉沉色澤的畫布。農民是抑鬱性格的畫家，塗抹了有力而簡潔的灰調色彩，不帶一點鮮艷之色。

土石流大怪獸

巨石旁邊的泥沙長出零星的龍葵和篦麻子，迎風搖曳。遇見這些常民植物，親切感十足。偶爾也有滋味甜美的野生小番茄，結著暗橘紅色的果實，匍匐於地面。害我忍不住停下腳步，高興地摘食，享受著這一野地美味。

一邊瀏覽著周遭的荒裸景觀，我樂觀地推測著，再過一陣子，這兒就會形成草原，進而是石礫的次生林台地。若不是看過新聞剪報，很難想像才八個月前，颱風將土石流這隻怪獸自綠色森林裡呼喚出來，吞噬了農民辛苦經營的一切。

念及此，在巨石纍纍的山坡地上，戒慎恐懼地站立著，腳下的石塊彷彿是酣睡的怪獸。不知下一個風雲變色的夏天時，它是否會再醒來。從幽暗的林子詭譎出山，再度鑽入這個黃褐泥沙的外殼，攪動山谷亂天下。

當地的農會總幹事將土石流帶來的可怕災難歸罪於林務局，都是林務局過去在山上的濫伐，和植林政策不當——種了單一的柳杉、樟樹。但是總幹事承認，鄉民過度的墾殖也不對，將來要再好好疏導。說沒幾句，他又將箭頭再度對準林務局，如果沒有林務局在山上惹禍，去年會繼續豐收……

真的是這樣嗎？腦海裡，難免升起一路上所見的產業景象，滿坑滿谷，同時滿鄉的檳榔和梅園，以及夏季蔬菜。

回家後，用幻燈片介紹土石流給小朋友聽時，用怪獸形容這種崩塌現象。我說：「它是台灣的哥吉拉，這種大怪獸最愛躲在森林的最深層地方。森林是它的家。我們如果亂砍伐森林。它很生氣，就會鑽出來報復。」

一名才讀一年級的孩子反問我：「我們要怎樣和大怪獸做朋友？」

我想了許久說：「假如你真的很愛護森林，走進林子裡。它會邀請許多林鳥和動物們和你做朋友。」

另一名孩子問道：「台灣的哥吉拉會不會保護台灣？」

「當然會，只要我們把它當成好鄰居，不要亂吵它。它會一直保護我們。」

水潭裡的錦鯉群

站在杉林溪的松瀧瀑布前，瀑布雄偉的天然奇景全然震懾我，讓我如同一株緊攀著岩壁的蕨類，清楚地感受到自己的渺小和無力，瀑布則繼續矗立著它無形的龐然，籠罩整個空間。

緊鄰著瀑布的深潭，在幽暗、潮溼而陰森的山谷，徹底地將時間持續的凍結著，更有力地把幾百個世紀的自然景觀依舊維繫在現場，展示著亙古不變的自然本色。

一對鉛色水鶇飛入這個世外桃源，像谷地裡的仙子，不斷地在水潭裡的岩石間飛舞，彷彿在為春天的熱鬧展開序曲。我觀察清澈的水潭，希望看到高山深水裡的溪魚，在水潭悠遊徜徉。不意發現了一群錦鯉緩緩游來，像紅葉般的飄落，又被風飄走，如詩畫中情境。假如你想教牠們再接近並不難，旁邊有販賣魚飼料的機器，和抽籤的箱子並列，只要投十塊錢，就有一瓶魚飼料滾出來。

我好生失望，竟未看見任何顏色像溪水般深綠、像大葉楠般瘦長的溪魚，帶著老鼠般行色匆匆的身影，閃躲於岩縫間。

風景區的導遊熱心地過來跟我解釋，「這些錦鯉是我們放養的，這樣冷的地方，只有這種魚才能夠生存，其他沒辦法。」

除了美觀外，顯然他們還考慮到魚類的習性。但是，他似乎未看出我的疑慮。

「原來在這裡生活的溪魚呢？」我問道。

「牠們不好看，而且都躲起來了，遊客很不喜歡。」

導遊的說法正好反應了一般觀光風景區旅遊者的心態。他們認知的生態平衡很淺薄，經常以遊憩功能做為考量。外來種的錦鯉漂亮、親人，適合飼養，正好符合這種效益。於是從低海拔到高海拔，我們都看到錦鯉。從大安森林公園到大屯自然公園，大至風景名勝區的溪澗，小至不知名鄉間的水潭，都有這種外來種的分布。

在這種人類庸俗的美學觀下，錦鯉成為台灣淡水湖泊環境的大殺手。在錦鯉的水域環境，我們很難發現蛙類和蜻蜓等仰賴水池維生的動物的下一代，也不易發現龍蝨、紅娘華等昆蟲。原本該棲息在這些水域的本土魚類更是絕跡，水邊的鳥類也稀少得可憐。

儘管隱密地位居在杉林溪最裡面一角，松瀧瀑布顯然也未倖免於難。

茶鄉

走進一排排茶園的鹿谷鄉，放眼望去盡是綠色。茶葉的色澤顯得過於濃厚而單調，似乎連昆蟲都沒有興趣拜訪。只有少數喜歡採蜜的蜂類到來，在小小的白花上降落，溪溝邊偶爾有蜥蜴爬行。

大部分的農家都被這些綠色的茶葉所包圍，包括林圮埔的墓也坐落在茶園中。茶是這個鄉的外表，也是核心。

旁邊的路上，有人種了一排樹子，剛剛長黃綠的嫩葉。樹子在中南部鄉下相當常見，或水田、或庭院、或果園，幾乎無所不在。但在茶園旁就顯得特別突兀，周遭還是以檳榔為多。

我如何形容這種茶園景觀呢？突然間，想起了前輩詩人林亨泰的名詩〈海的羅列〉。茶園景觀的鹿谷正是如此，我的遊戲如下：

一排檳榔
茶園的羅列
一排檳榔
茶園的羅列
一排檳榔
茶園的羅列

東埔之旅

清晨時，從下榻的帝綸大飯店鳥瞰，前面就是著名的陳有蘭溪小支流。去年賀伯颱風造成的土石流災害景觀，繼續在對岸殘存著。彷彿在提醒我們，不論是遊客或當地住戶，只要不好好保持水土，它們隨時會再回來。

但我的注意力隨即被一些蠕動的身影所吸引，那是一群衣著和背包色彩都相當鮮明的登山客。他們像蟻群一樣，一個接著一個，朝沙里仙林道的公路走去。不久，又尋著山腰的小徑上行，緩緩沒入綠色的林子中。

翻過那林子，日治時期的八通關越嶺路和清朝時的八通關古道，依舊在那兒延伸進高山。

我猜想，他們八成是前往玉山山脈的登山客，昨晚和我一樣住在東埔，今晚應該會抵達觀高住宿。明晨再經由八通關草原前往玉山主峰，就好像自己以往的踏查一樣。就不知這群登山客裡，是否也有和自己心境相似的旅人？

這隊登山客讓我想及日治初期，駐在所警員和他們的家眷，以及自然科學探險隊前往玉山和八通關的旅行。入山前一夜，他們都會在東埔休息一夜，再趕早出發。這樣的歷史情愫讓我感觸良深，就著窗口雲氣的流動，不為什麼地呆望了好一陣。

飯店的經營者在此已經奮鬥二、三十年。昨晚吃宵夜時，我和業者聊起四、五十年代旅人在此行腳的辛苦和美好記憶。順便建議，何妨讓早期歷史的人文和自然影像重現於飯店內，展現自己的區域特色，而不僅只是一座設備和餐飲媲美城市的旅館而已。

阿里山公路拓寬後，後來的登山遊客為了就近上玉山，多半取道那兒。人潮多往那頭跑，這個位於國家公園旁的小鎮因地勢偏僻，後來便陷入客源缺乏的困境。如今再度重整旗鼓、挹注資金，企圖從各種可能的觀光資源，爭取活存、活絡的機會。

但再如何美侖美奐的現代設備，終究難和外界競比。當一個小鎮為了求生存發展，必須犧牲樸素的風貌時，在地的文化風物若無法和自然景觀一樣刻意保存，加以包裝，光靠炫麗的裝潢，還是無法形成持續的旅遊吸引力。

綠色隧道旁目仔窯

搭車經過綠色隧道都會停車駐足，在鐵刀木和樟樹成排的濃密林子徜徉一陣。或者，沿著鐵道慢慢地走它一段，等候支線火車緩緩經過。

鐵道旁邊有一個漂亮的目仔窯，矗立在田野間，提示我們舊時代的種種生活想像空間。過去幾個月來，我在台北到處尋找這種紅磚的煙囪，始終難以發現，連鶯歌都所剩不多。那些百年前外國旅行家最愛描述的，燒紅磚的長屋子，我的旅行印象裡，就剩下這一個了。

目仔窯共有十三目，如遺跡般的磚柱，完整地排列，恍若一隻大腕龍崢嶸的骨骸，挺著硬直的脖子，完整而龐大地佇立著，駝負著無形的歷史，背對我們。每次去拜訪，總懷著駭然的驚奇，像遇到了原始大怪物般的興奮。

梅園

離開東埔的路上，在一處種梅的農家駐足。農家旁陡峭山坡桂竹成林，肥胖而高壯，遠看猶若孟宗竹，不似台北近郊的瘦小。這些桂竹的外圍已因陽光長期照射，曬出黃褐的柔嫩色澤，適合製作器具了。更裡面的，則因缺少陽光仍呈暗綠色。

農家旁起伏的腹地，林立著梅樹。梅園的面積相當廣大，遼闊地散布在此區的山坡地上。它的水土保持比檳榔、茶園都好，但看不見任何昆蟲的蹤影，以及鳥類。

原來梅子是酸的，動物都不喜歡這種環境。梅樹下的土壤也相當貧瘠，少許野草生長，看不見任何昆蟲。對一個喜歡動物觀察的人而言，這裡猶如沙漠。

接著，我抵達沙漠之精華，梅園旁邊一畦畦開墾的暗褐之田。那兒正準備種植夏季蔬菜。梅園出現後，這兒合該是動物的綠洲，但還是依舊荒蕪，想必是過於單調或用藥過多。

我沒什麼偏見或意見，只是咀嚼著主人餽贈的糖漬翠梅，一顆接著一顆。咬著那堅硬的核心，猶若撫摸到了梅樹下荒涼的石礫地，有著奇特的不舒服。

布農族晚宴前後

黃昏時，在日月潭南方的雙龍村，布農族人著盛裝，以烤乳豬、小米酒和歌曲迎接我們。這是布農族招待客人最隆重的晚宴，他們併排坐在對面的竹製長椅上，老人們穿著黝黑而多皺的素樸麻衣，以深沉的安靜，還有滿臉肅穆的自信，等候節目開始。

當著名的八部合音開始時，我不由得再度想起高山鳥類的集聚覓食，以及鳴唱。牠們不同的聲音在暗黑的林子裡，像雲霧的流竄，或上升或飛降或穿梭或沉澱，各自尋找著適當的角落安置自己，彷彿也在最後喚出了渾厚的雲海。

眼前的布農族正是如此，多重嘹亮和低沉的唱聲齊出，剛健又清淨，沉穩而奔放，一如各種高山鳥類的自信鳴叫，在林子裡溫馨地傳達自己的語意和默契。

他們的聚集正像林鳥的會面，叫聲裡有如金翼白眉的清亮、如藪鳥的高昂、如冠羽畫眉的澄澈、如黃腹琉璃鳥的婉轉。這些都是大自然賜予高山住民的天籟，讓他們在孤絕之峰，隱密之林，藉著歌聲的細膩，彼此聯絡、抒發情感。

他們的歌聲再度讓我想起雙龍國小楊元吉老師的感觸。由於熱愛布農族文化，長期在此任教後，面對布農族被現代文明日益摧殘的文化，他形容自己好像站在一堆灰燼前，表面看似已無生命。輕輕撥弄下，猛然發現，灰燼裡烈火依舊熊熊。而這些歌聲正是今天撥開時，自然而然浮升的烈火。

冠羽畫眉

晚宴之前，行走在幾處住家旁時，我特別注意到山蘇的存在。布農族人顯然把它當成平地的青菜一般種植。我猜想，待會兒的晚宴應該也會享受到這道美味的佳餚。果不其然，以山蘇嫩葉和芽炒成的野菜出現在餐桌上。

但我的興趣卻被另一道熱食所吸引，布農族人用雙花龍葵、刺蔥的嫩葉伴和少許花生的菜湯。

以前在野外教學，由於圖鑑和書本都未提到，我依自己的經驗告訴孩子，誘人的雙花龍葵漿果，若是綠色絕不可食，但紅熟時吃了也無味。怎知，布農族人偏愛摘採嫩葉。刺蔥又叫食茱萸，摘嫩葉時，若不小心很容易就會被其銳刺戳傷。它似乎已經成為南投重要的野菜植物，連觀光旅遊的指南都在介紹。

過不久，這些野生植物的名菜恐怕也會像布農族人的歌聲傳遍各地，成為這兒的觀光資源。只是他們不像漢人，總想精緻料理，山地貧瘠，食物多取諸自然環境，他們的食物簡單，一如素食者的用膳。

（一九九七・四）

Chapter 4

南方之南

套一句流行的廣告，
一九九七年，我在巴黎的左岸咖啡館。
但不見得認識了巴黎。
我只是藉由咖啡屋，感覺巴黎的具體存在，
自然觀察亦是。
當感覺對時，
每一種鳥獸都可能帶來這種情感。

初訪美濃

八色鳥工作室

如果沒有記錯，第一次和八色鳥工作室成員接觸，在三月初台北萬華搭公車時，我和他們的一位成員劉昭能巧遇。

他送我一本美濃愛鄉促進協會出版的《瀰濃》第五期。一九九五年二月出刊。除了自己的名字，劉昭能在上面寫上另外兩位成員的姓名：宋廷棟、劉孝伸。回去後，翻讀裡面的作品，對劉昭能報導美濃老街的文章印象至為深刻。如此有心的年輕人，默默地長期診視自己家鄉的文化，我對這座小鎮不禁萌生嚮往，興起了前往走訪的意圖。

第二次和他們邂逅時，我人已在美濃，坐在美濃愛鄉協進會的辦公室裡和他們對話。那天晚上才在高雄演講結束，抵達時有些累，但能和他們見面依舊很興奮。他們送了我另外幾期的《瀰濃》。

相較於其他地方性的文化社團，八色鳥工作室小組和美濃愛鄉促進協會，始終有一濃郁的鄉情緊密度，呈現在表現的議題上。他們發揮了其他地區文化工作者少有的高效率與深度，這是最教人欣羨之處。相對的，一個強大而蠻橫的政府公權力當前，準備興建水庫的工程，更促使他們愈發團結。

他們把水庫的興建直接和老家風土的毀滅畫上等號，相當具有說服力。而在進行搶救家園運動的過程裡，把自然環境和地方文化的問題放在一起思考，更使得問題的嚴重性有著深層的內涵和催化，進而獲得更多鄉親的終極認同。

大埤頭

寄宿在一位客家朋友的家裡。早晨醒來，前往他住家旁邊的一處埤池觀察。埤池不大，旁邊有濃密綠林扶蔭，遠山含黛在旁，整個景觀儼如百年前西方旅行家在此拍攝的台灣農家風貌。一股和諧而濃密的綠意，早在這兒沉積了許久，空氣裡暗暗凝凍著這種厚重的原始，隨時能夠把外來的破壞抹去。我興奮地佇立，卻也試著冷靜地凝視現場，把自己的激動緩和到一種平穩的狀態。

這個埤池是日本人開鑿而成的，用來儲存灌溉的溪水，叫大埤頭。我看到的地方像是一座池塘，其實它是一處溝圳環境。

番鵑在綠竹林裡低沉地鳴啼，黑枕藍鶲也明快地叫著，小彎嘴慣常的咕嚕喉音和魚狗飛行的鳴聲也斷續傳來，共同編織了一個美好清晨的序曲。

然後，遠遠望去，水田盡頭，山之起點。一座煙樓頂端的小閣樓，突露農舍的三合院間，鮮明而靜寂地坐落。百年來，美濃就以這樣的景觀沉浸著。

朋友帶我到煙樓裡觀察。他娓娓道來，敘述著童年看守煙樓的故事，跟姊姊妹妹在裡面工作的苦樂，還有煙樓的結構、煙葉的排列等等。他特別強調，每次回來總喜歡聞聞煙樓裡土地的煙香味。這些被煙火燻陶多年的土，把獨特的美濃之味煤礦般地結晶，儲存於每個美濃人的鄉愁裡。

八色鳥

佇立在雙溪熱帶母樹林下，等候接駁的車子。這裡過去叫竹頭角熱帶樹木園，一九三五年日本人設立的，主要以三十多種豆科植物為主，最大的代表性植物是鐵刀木，因可做槍托，而大量栽作。不意，日後卻引來了淡黃蝶結集，以此食草繁衍下一代。一個世界最大的黃蝶翠谷於焉誕生，形成美濃特有的自然資源。

另外一個自然特色較罕見，那是賞鳥人最有興趣的稀有鳥種，八色鳥。近幾年，到了四、五月，許多賞鳥人都會前往美濃，主要便是到母樹林拜訪。希冀看到八色鳥的身影，甚至是繁殖。

我何嘗不是？獨自站在高大而濃密的林蔭下，八色鳥叫聲繼續自詭異的熱帶密林裡傳

出，和我的孤獨清楚對話著。以前春天時都會到野柳岬角，想看看牠的身影而不可得。繁殖季，牠們會在這個充滿南洋風味的地點出沒，我的興奮夾帶了多年尚未目睹的沮喪。

「we—e」、「we—e」，八色鳥平穩而不疾不徐的兩個音節，夾雜在奇特的熱帶氣息與闃靜裡，在那濃得化不開的綠意中，清楚地穿透每一個角落，抵達我的心靈底層。

黃蝶翠谷印象

從熱帶母樹林沿著雙溪旁的小路，經過一處客家人的伯公祠，就是近來最熱門觀光景點的黃蝶翠谷了。再過一個星期，這兒將有上千遊客前來觀賞蝴蝶。

一路上，不時看到黃蝶飛降溪邊。集聚的主要種類是銀紋淡黃蝶。劉昭能特別帶我走

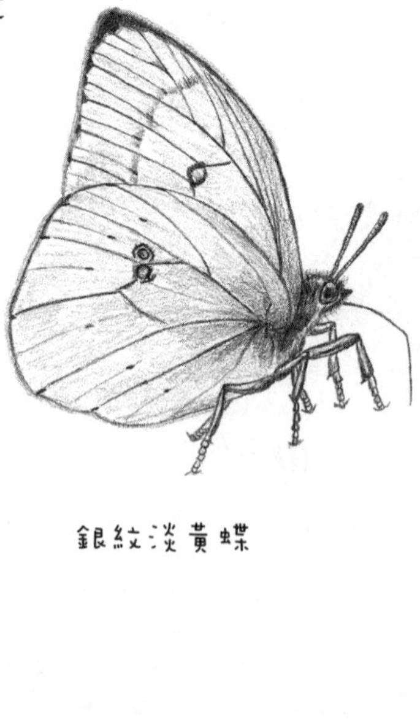

銀紋淡黃蝶

了一段山路，了解黃蝶棲息的環境。只見黃蝶羽化後，不少蛹殼殘留在樹葉上，形成自然的詭譎情境。依此可想像，當時羽化的激烈狀況。以前看紀錄片，有些雄蝶在雌蝶尚未出殼時，就已迫不急待地黏附上去。

這兒的蜜源植物很多，幼蟲的食草鐵刀木也四處可見。鐵刀木長橢圓形的羽狀葉片，擁有美麗對稱之形，一眼即可辨出。據說羽化高潮時，這兒的黃蝶高達兩千萬隻。有時走在林徑下，黃蝶幼蟲的糞便如落雨般，滴答個不停，形成驚人的蝶糞之雨。能夠享受這種蝶糞也是一種福氣吧？我欣羨地想像著。

一路觀察，我發現，黃蝶喜歡伸出口器啜水的集聚位置，往往是有著不明顯水漬的光亮地面，而非陰暗水灘，或者是溪溝邊。大概那兒氯化鈉多吧？一處陽光強烈照射的灰色泥壁，更吸引了大量的黃蝶，分三、四處集聚，形成相當壯觀的景緻。

我們一直走在一處雙溪流經的山谷。看到兩邊狹長的山脈，我突然想起政府興建水庫的計畫，轉而問起這個他們傾力反對的工程：「水庫如果要蓋，會建在哪裡？」

「前面不遠的地方。我們現在站的位置，在兩山之間，黃蝶翠谷這裡都會淹沒在水位之下，形成水庫的集水區。」

此意甚明，有水庫即無黃蝶。水庫若成立，黃蝶原鄉將毀滅在水域之內。美濃則在水庫之下。水庫像個定時炸彈般，懸掛在美濃頭上。

（一九九五・六）

四草驚奇

四草印象

五月清晨，初次來到四草，站在荒涼的鹽田邊，感覺空曠和廣渺繼續擴充。我懷著慕名的心情，眺望著這處南台灣著名的溼地。想起過去六、七年來，曾有人在此記錄稀有鳥種，諸如大群的黑面琵鷺、高蹺鴴、反嘴鴴等，心裡激動地湧昇抵達聖地的興奮。

溼地無垠，觀察者猶少。我想像著，未來仍會有許多驚奇的水鳥紀錄繼續在這荒廢的鹽田發生。帶我前來的成大野鳥社社長鄭智仁，卻澆了我一盆冷水。他無奈地跟我描述，再過不久，鹽田就要消失，廢土將掩埋許多水域。

「和關渡比較，你覺得如何？」另一名隨行而來的同學問我。

「關渡？」我一時間竟答不出來，只覺得這兒有一股很大的危機，和早年關渡環境的毀滅有著不同的壓力。帶著這個疑問繼續旅行。後來，在前往高雄的火車上才頓悟，那是一種土地大片大片消失的不安，如同過度炙熱明亮的陽光，再如何稠密、濃綠的五梨跤、海茄冬和欖李都無法稀釋。

高蹺鴴的繁殖

將摩托車熄火，停放在鹽田的田埂中央時，高蹺鴴成鳥急切的警戒聲，持續地從四周傳來。

我們正進入一群高蹺鴴繁殖區的中間，進入牠們忍受的最後極限。牠們分別於左右兩塊鹽田的草叢裡繁殖。急切而焦躁的聲音，讓我們更加小心翼翼。個別的高蹺鴴成鳥有著自己的明顯領域，必

要時卻會集體圍攻進入鹽田的人和野狗。

我們自是不敢造次。三個賞鳥人，被一群包圍的高蹺鴴監視著，你相信嗎？面臨此一困境，我不禁莞爾一笑。此時，一隻小白鷺毫未察覺地侵入一對成鳥的領域，隨即遭到成鳥無情地輪番攻擊。性格強悍的小白鷺不免嚇一跳，終究退讓了。

有些亞成鳥和年紀更小的幼鳥出來覓食了。亞成鳥腳尚未修長，體型接近渾圓的金斑鴴，比成鳥肥胖多了。幼鳥呢？卻像是踩高蹺的小子，長相滑稽而好奇心甚強。牠們仗勢著成鳥的守護，沿著土堆東鑽西探，超乎我對水鳥生活艱苦的想像。

「感覺上，高蹺鴴的幼鳥一如牠們的體型，像優雅的貴族小孩，比較頑皮，到處惹事生非。東方環頸鴴的幼鳥卻十分苦命，躲躲藏藏，似乎鎮日都為生活在奔波。」這是我和一位資深鳥友觀察後，半開玩笑的結論。

安順鹽廠的鷺鷥林

它位於四草天后宮前的一片木麻黃林，坐落在安順鹽廠圍牆內。姬牽牛、毛葉西番蓮都開花，花潛金龜在林子裡梭巡，一群小白鷺和夜鷺便在此繁殖。很少看到一個鷺鷥林如此接近馬路，鳥口密集。每一棵樹上都有三四個枯枝，草率搭蓋為巢，形成獨特的風景。

大白天，成鳥都飛出去覓食了。只要是魚塭和鹽田的地方，都有牠們的蹤影。附近不少魚塭都加掛了保護網，防止鷺鷥覓食魚苗。

當地的農夫向我們質問過：「你們知道嗎？一隻小白鷺一天可以吃掉三百多隻約三公分的草蝦幼蝦！我們的血汗都白花了。你說，我們能不恨白鷺鷥嗎！政府要保育，至少也要補助一些保護魚苗的魚網錢。」

他們問得我們無言以對。如何保護鷺鷥，同時又兼顧農民的利益，此一兩難的確考驗政府的保育決心。

林子裡剩下的多半是羽毛尚未發育完全的亞成鳥。有時，牠們像是在開會般，集聚一堆在林下空地，不斷地發生爭執，明顯地還有著青少年時期的煩躁和浮動。不知成鳥如何識別自己的孩子，或者是，亞成鳥如何回到自己的巢邊等候成鳥？成鳥回來的次數並不多，但每次回來，喉囊總已儲存許多食物，諸如小魚、小蝦。等幼鳥或亞成鳥餵食飽了，再揚羽離去。

成鳥外出時，這個亞成鳥集聚的社會，難免有悲慘之事。我看到有兩、三隻亞成鳥的屍體懸掛在樹枝間。牠們顯然是從樹枝上不慎摔落，無法自樹枝和樹藤間抽身，最後落得垂死之悲慘命運。我隱隱感覺，亞成鳥和幼鳥以腳爪學習握緊樹枝，等待成鳥回來的能力，似乎是生存的必備條件之一。若連捉緊樹枝都無法辦到，如何談生存？

坐落在遠方草原的安順鹽廠已荒廢多時，這個沒落的人類遺址，相對於鷺鷥林鳥類的熱鬧、喧嘩。我彷彿來自荒涼環境，少數族群的動物，面對著一個優勢種族。

但願自己永遠是！

（一九九五・六）

北壽山與南壽山

北壽山

每次到高雄，都會去爬壽山（柴山）。這回也不例外。為了爬山，還特別選擇靠近山腳的旅社下榻。

很不湊巧，前往攀爬的日子正好是周日。平時壽山的登山客就絡繹不絕，例假日時更像鬧區之街道般擁擠。

大清晨北壽山入口的龍皇寺，集聚了比平時更多的攤販，沿著狹窄的巷道，排列到山腰。原本打算走到半途後，靜靜地坐下來休息，但小徑上人來人往，始終找不到適當的休息空間。

長住南部的作家王家祥跟我說過，自從山區開放後，這條山路不只像中正路一樣熱鬧，時日一久，山路被踩寬，更被糟蹋得禿裸、溜滑，有些珊瑚礁石都已磨損殆盡。不過開放幾年光陰，遊客在北壽山便留下諸多條像巨大疤痕般的小徑，長此以往。這座山的生態勢必受到嚴重影響。

半路上，遇見了好幾隻台灣獼猴，肆無忌憚地在半路上向遊客要食物，有時蠻橫地抓了就跑。登山的民眾也以餵食為樂，造成獼猴在行徑上的背離常情。

我在半路上尋找植物繪圖時，遇到兩次威脅。有回打開背包，一隻公猴跳到我休息的桌前搜尋，以為我要取出東西食用。

野生的台灣獼猴裡，北壽山的這一群大概最親近人。但也因為不懼人，牠們的食物來源相當仰賴登山者的提

供。甚至於，養成奢華的習慣。如果遊客給的食物不好吃，諸如番茄、麵包之類，往往咬了一口便棄置一旁。唯獨花生、香蕉最為嚵嘴，總吃得一乾二淨。我在休息時，還聽到一些登山人抱怨，他們不敢黃昏時單獨在壽山逗留，免得被索取食物的獼猴干擾。

這一索討食物的行為長期下去，對獼猴在自然環境的生存並不見得好。民眾們其實也該反省，減少這種餵食的樂趣。

前年來時，北壽山的步道只有一些地方鋪了木板棧道，架高於地面。如此修築，方能讓動物從下方爬行而過，植物較能自由地生長，減少被登山者踩踏、傷害的機會。當地的珊瑚礁環境，也得以減輕衝擊。這回來時，木板棧道又擴充了。在台北大崙尾山的自然步道，我見過類似的設計。最新的枕木步道，不僅和地面契合，有時還鋪了鵝卵石。至於哪一種步道適合，恐怕還得視個別的環境判斷，如果把台北象山自然步道的石階小徑移到北壽山，恐怕就是對珊瑚礁環境的大破壞了。但它在台北近郊出現時，或許對環境的衝擊較為輕微。

天氣悶熱，梅雨好像還在南洋旅行，還未回來。但我已開始巴望，一如蒟蒻的渴望雨水。優勢的構樹族群，結出纍纍青色果實。我隱然感覺，台灣鹿角金龜即將從地面羽化出來，快樂地撲向這些甜美果實。五月時，不僅鹿角金龜，朽木蟋蟀、大青叩頭蟲，還有一種橙紅色，至今尚未鑑定出真正屬種的紅叩頭蟲，想必都會出來湊熱鬧。最後集大成的，乃鳴聲大噪的熊蟬。

壽山的時序和季節，不是我這種過客的旅行者所能 眼望穿的。套一句流行的廣告，一九九七年，我在巴黎的左岸咖啡館，但不見得我認識了巴黎。我只是藉由咖啡屋，感覺巴黎的具體存在，自然觀察亦是。當感覺對時，每一種昆蟲鳥獸都可能帶來這種情感。

在步道上旅行時，我選擇了烏柑、咬人狗、龍船花和蟲屎等較為常見的代表植物，做為繪圖的主要素材。這些北部不常見的植物傳遞著多樣的熱帶氣息，在我現階段的自然觀察旅行裡，有著親切的疏離之感。它們不只是

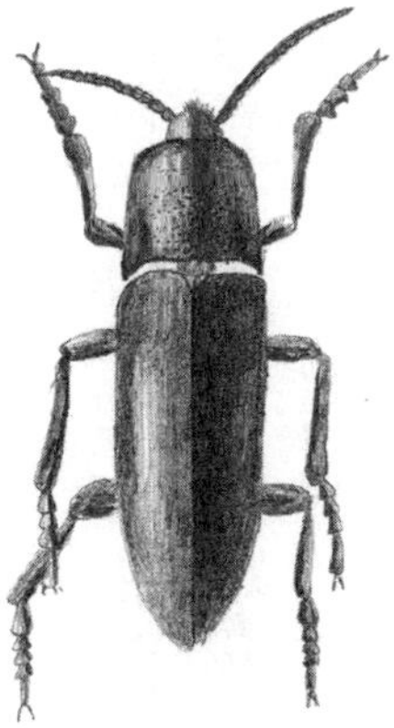

大青叩頭蟲

一種植物這樣單純的符號而已，當它青綠盎然地站在眼前時，背後的內容還潛藏著相當複雜的自然志內涵。我如是這般思索著，且自信而愉悅地面對每一種植物，小心地繪入筆記本裡。

相信長尾南蜥也知道這種心境的。這種身軀如手臂長，肥胖而巨大的蜥蜴，巨蛇般吐露舌信，到處鑽探。每當我久坐時，都會自草叢裡，或珊瑚礁上，露出滑溜的頭，曖昧地凝視我。停駐久了，彷彿也接受我對這個熱帶山區的情愫。

南壽山

在壽山旅行了兩天。前一天，在北壽山自然步道觀察，隔天到更接近海岸的南壽山。

沿著中山大學校園後面一條隱密的步道，隨意信行。這條路直通百年前英國的打狗領事館。一邊走路時，不免想起博物學者郇和（R. Swinnoe）在打狗任職領事一職時，從旗津攀爬壽山的旅行，還有沿路走訪的景觀敘述。

我經過的範圍主要在靠領事館面海山區。原本希望看到此地特有的山毛柿，但一路上，多半是血桐、稜果榕和構樹為多。猜想山毛柿喜歡棲息的環境，可能更靠近隱密的森林？

構樹無疑是這兒最為眾多的優勢族群。寬葉的成熟樹種多半已長出青綠的漿果。偶爾進入隱密的林子時，還有盤龍木長出紅鮮果實。接近領事館時，長著漂亮紫花的蝶豆和淡紅花朵的珊瑚藤也出現。不知當年郇和走的路線是否就是此條？甚而，其他外國人也循此路到密林裡去。

我再度於駐英領事館前徘徊，揣想當年的自然景觀。這個地方是台灣自然觀察和採集最早的發源地之一，往昔採集者的敘述，經常讓我充滿歷史情感和困惑？

譬如說最早記錄的蝶道吧，郇和當年在此看到的會不會是玉帶鳳蝶呢？這種鳳蝶依賴的食草烏柑，正是林子裡相當優勢的植物。還有，為什麼郇和常記錄的老鷹，現在幾乎難得一見。一九八〇年代，我在左營軍港服役，老鷹仍常低空盤旋。百年來經常活動於此的鳥種，為何在這短短十年就難以記錄了？再者，大家都熟悉的台灣獼猴，一直局限在柴山這個地區活動，無法和其他山區的族群交往，會不會發展出不同的生命個體，或者某種變化？

海風從海峽徐徐灌進，我遠望著，彷彿看到百年前西方自然探查者搭乘的船隻，繼續在入港、卸貨。同時，領事館這邊，也有一些在台灣內山採集到的珍稀物品，以及重要的自然科學文件，正在打包準備運回歐洲。

但我的煩惱和疑惑從那時起就未被運走，它繼續紮根在這塊土地上，一如挨受海風和鹽蝕的山豬枷，常綠且蓬勃地爬上了岩礁。

兩種鳥人

「台北和高雄賞鳥人之間最大的差異是什麼？」有一回，在高雄鳥會演講，一位鳥友如此問我。

我很驚喜有此提問，隨即明快地回答這個去年來此旅行時就思考過的問題。

我將這種差異歸因於地形環境的不同。高雄市只有一個壽山（柴山），台北市周遭卻有很多樣類型的山巒。山少環境自然單調，高雄看鳥的環境便不如台北的多樣而豐富。可是，壽山的珊瑚礁地理，讓高雄的南方特色相當明顯，因而兩邊鳥友的性向也發展出不同的自然觀察特色。

譬如以整體展現的自然書籍來看，高雄鳥會會編出《北壽山自然步道解說手冊》，台北鳥會就不可能編出類似性質的書籍，因為它本身設定的功能仍在鳥為主的主體上，其他自然資源的人材較難整合。

也因為賞鳥人才濟濟，台北鳥會擁有足夠的鳥類資訊，編輯出精緻的《冠羽雜誌》月刊，以及各類以鳥類為主的宣傳書冊，這又是人力和經費資源缺乏的高雄鳥會所難以望其項背。

可是，在《北》書裡，我們看到了鳥友對壽山的熟悉瞭若指掌，裡面的各種動物植物和人文歷史都相當清楚。這種博物學的認識自然方式，遠非台北鳥友所能體認的。

在台北，因為資源豐富，鳥友很容易進入一個單獨的個體世界——以鳥為主，深入地研究，或者全然被鳥的主題所吸引。但是在高雄情況便截然不同，最近而唯一的山頭只有壽山時，他們的感情和認同也只有朝這裡去發展。但壽山本身鳥種不多，鳥友自然而然會往另外的生物發展出多元的興趣。

囿於如是環境，一般說來，高雄的鳥友往往比台北的鳥友對自然環境的全面認知來得清楚。但相對的，台北鳥友在個別鳥種的知識卻較為深入，常有率台灣賞鳥風氣之先的能力。

鳥松溼地

第一次聽到鳥松溼地成立，在今年春天，有一晚於高雄鳥會演講時知悉的。那時，我正苦惱著，隔天的假期到底要前往哪一個地點走訪？

我已經爬了兩天的壽山，儘管對它的認知仍相當有限。但那種感覺，好像連續吃了兩天泡麵，很害怕再面對這種乾燥的珊瑚礁山頭。我原本打算搭公車去六龜扇平，但是想到要花掉大清早三個多小時，才能接觸茂密的潮溼森林，便打退堂鼓。

後來，知道市郊外有一處叫觀音山赤腳公園的地方，聽說也是新近規劃的，具有著社區意識和自然步道意涵的公園，我很想去瞧瞧。

可是，鳥會朋友警告我：「這裡不是台北，公車很少，到了附近，恐怕還要轉搭計程車上山。在這裡，去野外觀察，我們都是自己開車的。」

如果按一些國外自然步道的規劃位置，應該設計在交通工具容易抵達的地方，讓人們以步行的方式去接觸，方能深入體驗自然。不知，赤腳公園是否考慮過這種便民措施？

目前依我所知，台北的自然步道多半按這種尺碼去量身，諸如象山、芝山岩、仙跡岩等綠色環境，都是交通四通八達的地點。

我這個以公車為衡量標準的普羅旅行者，多少會用這種「台北觀點」，因而對赤腳公園的遙遠，不免感到失望。百般無耐下，正打算是否再回到柴山時，意外地，在牆壁的布告欄，看到了鳥松溼地的海報。

海報上的標題寫著：「重建大貝湖，咱的大自然夢——鳥松溼地」。另外背面寫著：「溼地也可以成為教育公園。」

這張海報是今年才設計的，也就是說，鳥松溼地教育公園的出現不過是最近之事。當然，但更吸引我的是，旁邊還坐落一著名的澄清湖。

想到關渡沼澤對於台北市的重要性。鳥松溼地結合了澄清湖，將會在高雄扮演何種角色呢？這個有趣的想像，讓我未經深思，當下就決定前往那兒探訪。

烏松溼地公園位於澄清湖入口大門旁。溼地前立著一塊木牌，紅色彩帶尚未卸除呢！沿著澄清湖邊的公路前進，注意溼地周遭的景觀。烏松溼地大致上呈梯形。梯形一角已被麥當勞租去蓋餐廳，形成周遭最刺眼的景觀。其他地方都是溼地的範圍，大約有兩公頃。小小面積，花個十五分鐘即可繞完。

公園內主要的自然環境是塊布袋蓮的池沼，以及香蒲、水丁香等植物混生的草澤。兩塊沼地間，有一田埂似小道橫貫。未去之前，閱讀海報介紹的植物和動物相，多半是我熟悉的低海拔種類，和北部的生物相並無多大差異，但我仍充滿高度的觀察興趣。畢竟，北部甚少有大片布袋蓮的景觀。

進入田埂後，我坐在一處釣魚人放棄的位置，觀望這個大都市裡難得一見的小溼地。我像赤腹松鼠，興奮地享受著一顆小而甜美的漿果早餐。

池沼遠方有對牛背鷺，旁若無人地專注覓食，也有紅冠水雞鬼鬼祟祟地探頭。但更吸引我的，是隻栗小鷺！牠漂亮的黃褐色身影，迅急地劃過綠色布袋蓮和紫色花海，寂然沒入池沼裡。牠是暑夏最質樸的色澤，彷彿增加了夏日的燠熱！

池沼之水多已枯乾，黑稠泥地的龜裂逐漸擴大。水草叢則逐漸減少。但靠池沼中央，有些區域的布袋蓮已局部開花，形成炫麗的紫色花海，和這些泥地形成強烈地色澤對照。

這是一片豐富的溼地嗎？才來不到一個小時，實在不敢遽下判斷，但是我已有隱憂。園內一角有廢土亂倒，布袋蓮則到處是福壽螺的卵，而池裡也充斥著吳郭魚。公園才開張，就遇到了所有公園必然面臨的挑戰。

從它身上，我再度看到自然環境被都市立法規劃後，徒具形式的無奈面貌。它們好像終於掛了牌子的流浪狗，但繼續被視而不見，被無情地捕殺。

繞完溼地，我又花了八十元，買門票走進澄清湖參觀。這八十元包括了觀賞裡面人工化的自然景觀，各種遊藝風景區，以及依山傍湖的開闊風景。

正門前有一塊像半島的陸地，突出於湖心。我沿著湖岸的步道，繞了一圈。乍看間，這片湖水潔淨如明鏡，輝映著低矮的遠山，再加上點綴山水間的九曲橋、閣樓等中國庭園建築，頗符合典型傳統美學的湖光山色，應該是接近西湖那樣的自然風光。這也是幾十年來，澄清湖繼續是高雄旅遊觀光勝地的原因。

可是，如果要談自然生態，恐怕就慘不忍睹。它是高雄市民飲用水來源，水質必須維持一定程度。整個湖面放眼望去，只見一片如汪洋的湖水。僅遠方露出的浮球上，停立著幾隻小白鷺。湖水不能泛舟，也不能垂釣。不管何時何地看去，都是這樣的單調。說好聽，明淨如開水。反向思考，卻是終年死寂的湖泊。

這個早年被稱為大貝湖，常有獵人獵捕水鳥，如今堤岸皆水泥化，像個人工大池塘，或者，根本就是一個大水桶裡的水，看不出一點天然景觀的內容。

高雄地方人士積極推動鳥松溼地教育公園的成立，不只是要保護這兩公頃的溼地。最終的願望還是想把溼地裡的原生生物基因，帶回澄清湖。今日的鳥松溼地就是澄清湖的縮影。他們希冀，有朝一日澄清湖再度回到大貝湖的景觀，一處沼澤和草澤交錯、複雜的豐富環境。

這個希望相對於飲用水的必須性，或許機會相當渺茫。但夢總得繼續做下去。沒有夢，都市的自然願景，會失去明確的目標。

（一九九五・六）

新港印象

某一晚春之夜，應新港文教基金會之邀前往演講，當日下榻一初識友人家，新港鎮不遠的中洋村。

一路上，他熱心地跟我說，「晚上來，不識方向也找得到我家。」

我聽了有些疑惑，莫非他家經營夜生活相關的店面？但在這鄉下地方，連搭公車都不便，怎麼可能有這樣的環境？

他大概看出我的疑惑，笑著解釋，「因為我家的方向，晚上永遠燈火通明。」

他這一說更糟，反而加深我的疑慮。後來，他指著前面的地平線，「你看，那兒不就燈火通明嗎？我家就在那裡。」

我順著他指過去的方向遠眺。果然，地平線上光影輝煌，顯然有一個熱鬧小鎮坐落在前。可是，按地圖上的位置研判，除了西北邊有一北港外，新港附近哪有其他小鎮？想到此，自己不免心驚。

朋友見我滿臉狐疑，靦腆地呵笑，「那兒是我們基金會不斷抗爭的台化廠。這個工廠一天二十四小時，都不停地在運轉，晚上時我們家附近也燈火通明。」

「廢氣和廢水會不會嚴重？」我問道，隨即知道是白問了。

友人轉而苦笑，「你知道的，我們要對抗的不只是一個台塑而已。但也只有不斷抗爭，繼續監督，這是基金會長年奮鬥的目標。」

是夜，獨自在友人家頂樓陽台遠望，凝視著地平線上盤據在水田中央的台化廠。它亮著暗紅的燈火，像隻電影外太空降臨地球的超級大怪獸，在這個廣漠的水田橫行無阻，但是電影裡的正義之士呢？或者，不要如此黑白二分。只試問可以抗衡的對手在哪裡呢？難道就只有一個小小的文教基金會，繼續以唐吉訶德的力量和信念，跟其抗衡？是夜，輾轉難眠。

隔天清晨，我沿著水田走逛。想要看看南部的水田裡，會有什麼樣的生物棲息？晚春的青綠水田，此間的秧苗已經長高至膝部。在北部，我們常看到家燕飛行

家燕與赤腰燕

水田上空，在此換成體型略大的赤腰燕梭巡。許久未見的錦鴝，發出滴答之響亮鳴叫。先前，有人跟我說，牠就是半天鳥，跟我們認定的小雲雀明顯不同。

接著，又記錄了烏秋、紅鳩、斑文鳥、紅尾伯勞和白頭翁。後來，還有一兩隻白腰草鷸，或者是鷹斑鷸吧？躲在茭白筍田裡。牠們應該是此時水田最常見的鳥類了。除了赤腰燕，其他鳥種和北部相近。嗯！這樣小小觀看，好像更捉住台灣的水田內容。

其他小動物方面，福壽螺和一種綠色的小豆娘非常（應該是青紋細蟌）多。乾旱的地方有不少台灣大蟋蟀的土洞。

最吸引我的植物，大概是田埂邊的破布

子，和野地裡的倒地鈴了。

破布子的果實在秋日採收，醃漬後多半用來當拌飯的小菜。西海岸許多農家附近都可看到，在此更是重要的經濟作物。我看到它們在水田，常形成一排如防風林，也有一整塊田栽植成林。

走上嘉南大圳，許多倒地鈴、疾藜草和大花咸豐草等野草混生。倒地鈴的果實像風鈴，有些人叫「假苦瓜」。除了中藥用外，還不知有什麼特別作用。我很興奮地收集掉落地面上的枯萎果實。做何用原來，這種植物在北部不容易找到，我卻十分鍾愛。果熟時，每次撥開果實皺乾的表皮，裡面就會蹦出三粒小種籽，黑白對稱鮮明。這種烏亮的小種子，遠比相思豆吸引我。我最喜歡存藏，贈予喜愛之友人。

天亮了，怪獸如常作怪。層層濃厚的白色煙霧，毫無忌憚地從煙囪裡排放出來，

不時將整個廠房遮蔽。只勉強看到三根黑煙囪突露，其餘設備都在滾滾煙霧的繚繞中淹沒。

我沿著筆直的嘉南大圳，朝大怪獸前進。日治時期建設的大圳，迄今仍是灌溉的重要溝渠。一條豐沛溪水流過稻田的生命，縱使筆直、單調，而且人工化，都比其他工廠景觀來得親和。

田埂上，偶爾出現的都是穿著拖鞋和赤腳巡田的老農夫，微駝著身子，仰著黧黑而布滿皺紋的臉孔。相對於此，我在這兒揹著笨重的攝影器材，進行所謂的自然觀察，顯得十分奢侈而彆扭。

嘉南大圳和台塑廠間，隔了一條寬闊而烏濁的溪溝，此溝污濁，跟附近各個工廠排放的廢水有關。這條溪溝和嘉南大圳並行，一起伸入青綠的水田。它的存在是我們這一代的羞恥，更讓我的旅行身影變得渺小，甚而微不足道。

（一九九五・六）

南方之南

農場掠影

東港溪河域上游，以蔗田、鳳梨、芒果和檳榔為主的農作，常給予我一個貧瘠的綠色印象。依傍小山的穎達農場，卻是自然資源豐富的綠洲，被這種林相枯單的原野景觀重重包圍。

在西海岸平地，很少看到像它一般的農場，擁有寬闊的腹地，以及繁複的樹種。我們經過神木似的馬六甲合歡身旁，造訪光臘樹、羊紫荊和大葉桃花心木的人造林區，輕易地找到此行的重要鳥種：黃鸝。還記錄了北部不易發現的小啄木、翠翼鳩、金背鳩等南部的代表性鳥種。

當一隻黃鸝、兩隻烏秋和五隻麻雀，站在枯枝上休息，悠閒地梳理著羽毛。一群鳥友依序排隊，像在等公車般，站在草原上，急切地想透過幾隻單筒望遠鏡輪番靠近，清楚地觀看黃鸝黑黃羽毛相間的美麗身影。

百年前在此旅行的自然觀察者，形容黃鸝是此地常見鳥種。看著牠和常見的兩種鳥群並列時，我想像著往昔的南方農村景觀，恐怕和眼前的樹林有著相似的情境。豈知百年環境的逐漸變遷，這樣的景觀多半被鳳梨田和蔗田取代，退守到這裡。

充當嚮導的屏東鳥會鳥友信誓旦旦地說，這裡一定看得到黃鸝。原因無他，因為這裡還存有黃鸝度冬棲息的自然環境。

他還自豪地告訴我，「這個農場是我們的寶貝。不用說別的，光是蛙類就教人稱奇。譬如臺北赤蛙，放眼整

黃鸝

個臺灣，除了臺北、淡水，就只這裡還有紀錄。」

他說完時，正巧友人E君抓來一隻跳動的小蛙讓我檢視，竟是一隻狹口蛙科小型雨蛙的幼蛙，似乎在證明這位鳥友可不是亂吹噓的。

但我個人最深刻的印象來自翠翼鳩。看到一對翠翼鳩竟站在林道上，毫不懼人地覓食，我確實相當錯愕。以前，在臺北遇見這種北部罕見的鳥種，多半是一道低飛的身影，迅速略過林間。遠而疏離，一點也不留覓食生活的行跡。我很難憑空想像，牠竟像鴿子般在此間的草地上尋常地啄食。

石板屋

十幾年前，F君前來走訪霧臺，還記得黝暗的石板屋到處可見。我不禁浪漫地綺想，村落拘謹地坐落在突立的山崖，彷彿把數百年的魯凱族傳統文明，含蓄地禁錮在山林裡，像倒地蜈蚣般，維續著紫色的矜持與古典。

這次上山，F君已經找不到過去之純樸景象。新穎的卡拉OK店、休閒山莊迎立兩旁，F君遭遇到每個旅遊者在台灣命定的失落。

在阿禮，我們往更上去的山區尋找石板屋。一處擁有國小的主要村落，尚存兩間。但除了屋頂猶有石板，其他部分都已改建。白亮的水泥磚牆，以及光鮮的鐵皮屋，刺眼地突立於綠色之中，和周遭的頁岩環境難以協調。它是倨傲的地標，強化了現代文明侵入山區的蠻橫。

往前另一個小部落，尚有十來間留存，有些還維持良好的樣貌。石板磚的院落、涼亭款款健在。只是遊客稀少，交通簡窳，想要以這些傳統建材形成重要的觀光資源，取代稀薄的傳統經濟作物，恐怕是個人幻象罷了。

零星的梅樹和粗梨乃周遭公路上最容易發現的產業果樹，相較於北部盛產的，可以換取更大利益的水蜜桃等果樹，這些賣相不足的水果，更彰顯了此地生活的貧窮。

幾個村落的小路旁，偎集著大量金黃的萬壽菊，成為村落植物的重要景觀。這種二十世紀初引進臺灣的觀賞植物，不知在此作用為何？它是重要藥材，但在此相信只是用來美化環境。

樹豆

在山腰平坦的空地或者山腳，經常看到一種三出複葉的小喬木，盛開著黃花，它的名字叫樹豆，是當地人特別栽植的，一畦畦如菜田陌陌。

這種熱帶地區引進的植物，翻閱了許多本厚重的植物圖鑑，都未詳細載述。只在劉棠瑞和廖日京的《樹木學》一書瞄到，漢人把它當成綠肥。殊不知，魯凱族人視為必需的生活食品。一年一次收割。元月豆莢熟黑了，剝取豆子。每一個豆莢總有五、六粒。魯凱人做為主要食物，也可用來燉肉。以前閩南人稱之為：番仔豆，想來是常看魯凱族人食用吧！的確它和南瓜、芋頭、小米，都是魯凱族人的主食。只是不知為何，小米田在路邊的山區已不多見。

芒果園

連續三天都寄宿在一家農園裡。農園靠山，大量栽種著芒果樹林，居間夾雜著檳榔。旁邊毗鄰的住屋，也盡覆著這種粗葉、油綠的果樹。看久了，恍惚接觸的是一種塑膠品製成的樹種，很不實在。夜深時，絕少蚊子叮咬，昆蟲聲稀落，牆燈少

有蛾類飛撲。為了夏季芒果之收成，相信農藥一定潰灑不少。兩種常見蛙類，盤谷蟾蜍和澤蛙在深夜大鳴，掩蓋一切之可能。這個果園之單調、枯索，難以激發我去尋找有趣的蛙種。三天內，我也僅有一回，聽到領角鴞的鳴叫，虛弱地自遠方傳來。

比較好奇的是，貝類明顯地偏多。這個時節最占優勢的是一種叫鱉甲蛞蝓的蝸牛，外殼縮在背上，像一小部分未退化的畸型肉瘤。以前，在台北的小綠山觀察，三年下來，只發現兩隻。下過雨的日子，這兒三兩步便可記錄。檳榔樹上、走廊欄杆皆有蹤影。還記錄了常見的非洲大蝸牛、皺足蛞蝓，另外一種可能是盾蝸牛屬的小蝸牛，但族群數量都沒有前者的優勢。

這些零星而片斷的紀錄，讓我有著棄之可惜，卻又難以成篇的窘困。謹隻字片語，簡單敘述發現之經過。

長穗木

不管是在雙溪的環溪步道，或者旭海的小山坡，沿著山路兩旁，總有叢叢的長穗木，盛開著藍紫色的小花。

這種不知何時從南美引進的灌木，應該是南部最常見的野花了。它喜歡陽光充足，溫暖而潮溼的環境。多皺折、鋸齒和細毛的葉子，以及長長的花穗，清楚地透露著自己的熱帶屬性。

記得有一位北部的植物學家曾在書裡提到：「不論何時南下，總是看到它開著稀疏的藍紫色小花。」的確，除了冬天最冷之時節，我也有這樣鮮明的記憶。這回更是印象深刻。十一月中旬，天涼了，各種蝴蝶依舊盤繞著長穗木飛舞。形成凡有長穗木處，必有蝴蝶集聚。當長穗木存在時，其他野花總得退讓三分，縱使在中、北部橫行一方的優勢族群大花咸豐草，或者馬纓丹，皆非它的對手。

到底長穗木有何魅力，能在眾多花草間，獨讓蝴蝶群趨之若鶩呢？我和F君沿著山路觀察時，不斷地討論著。

最後，得出一些有趣的結果。多數的野花都選擇在路邊生長，長穗木也不例外。在森林和空地邊緣的環境，視野開闊、交通方便——對蝴蝶而言。這樣的位置也像7-ELEVEN之類便利超商的店面，最適合沿山路飛行的蝴蝶發現。

再者，長穗木的花穗幾乎四季常開，長長的花穗又如時序之階梯，讓花朵由上而下，有著輪番生長的機會。每當一朵花凋萎時，它的上面一定有另一朵，露出紫色的花蕊，準備接替。這意味著，蝴蝶隨時上門，都有花蜜可以吸取。此外，它長長而突出的花穗，也適合各種蝴蝶停降。我甚至猜想，花蜜恐怕也相當甜美——儘管我們吸取不出味道。這些便利的條件在在構成誘因，讓它成為蝴蝶最愛光顧的野花了。

當然，天時地利也相當重要。長穗木生長的環境更要有蝴蝶幼蟲適合棲息的食草，以及適合的生態環境。光是一個長穗木族群形成的花海，還不足以吸引如此多的蝴蝶。就像7-ELEVEN的商店開店了，周遭要有相對的店面和住家的人群組合，方能形成相互的供需。

小花蔓澤蘭

從山腳的萬全村到多納村，經過之處，路邊的喬木多半披覆著一種盛開著淺綠色花海的攀藤。遠遠看去，如淡綠之波浪，大塊地靜止於海洋，或小如撞擊岩塊之浪花，為初冬的濃綠山林添增了漂亮的自然景觀。它們如北部之酸藤，在四、五月時，為次生林的林冠上層披上淺紅之婚紗，但它還有酸藤無可比擬的生長優勢。

最深刻的印象在多納村。一間空蕩的廢屋，殘破的支柱和屋頂被它全然包圍，整棟房子像包覆了一層厚雪。這種形成花海的優勢植物，到底叫什麼名字，特性又在那裡？我的好奇在那一剎急切地湧出。

帶領我們前往林道的朋友，很不敢確定，「大概叫澤蘭吧？」

朋友的回答，我不盡然滿意，澤蘭是灌木並非攀藤。更何況，這種南方攀藤是三角形油綠的粗厚葉片。

回家的路上，想到撰寫《田園之秋》的前輩作家陳冠學，離世獨居之處就在大武山山腳，此地不遠之處。忽然也聯想到，好像在那裡拜讀過陳先生的一篇作品，譴責過一種「惡」藤，在此區爆炸性地嚴重氾濫，莫非他提到的就是這種尋常植物？

回家後，翻閱圖鑑查對，再詳讀陳先生之文，果然就是它！小花蔓澤蘭（Mikania micrantha）。它是一種原產南美洲，如今泛見世界各地的蔓性菊科。靠風力傳播，山地次生林和海邊都能生存，十一月正是盛花期。

陳先生長年在此觀察植物，對地方自然志頗有心得。他痛心地指控小花蔓澤蘭，逢樹必攀，近年來擴張迅速，早成為南部地區次生林其他植物的殺手。我初時到來，卻為這種植物蔓延的美麗景觀所眩惑。

仔細觀察小花蔓澤蘭生長旺盛之地，多半是開發後的山林，或離路邊不遠的森林。可見它喜歡棲息的位置，往往是人類開發的林地。人類開發愈嚴重之處，它的生長也愈發蓬勃。

到底它會對次生林帶來何種可怕的結果，或者對南部中、低海拔森林帶來怎樣的劇烈影響，頗值得持續關注。當然，你可以解釋，它的氾濫可能是一個自然環境新陳代謝的過度期，此區正在朝向另一種穩定成熟的森林發展，但四處是檳榔園和芒果樹林時，你認為，小花蔓澤蘭的出現會是往這個方向嗎？

狼尾草和紅毛草

前往多納的山路，道路兩邊盡是長穗的狼尾草，一叢叢地林立著，有別於北部的禾本科景觀。這時北部的郊山都是金屬色澤的五節芒，生氣勃勃地迎風搖曳。五節芒開花雖美，終究是以粗獷之姿，隨季節不斷變化。狼尾草的花序則始終保持略微低垂，明顯地理性而節制。

在狼尾草錯落間，許多地方夾雜著青葙和紅毛草。此地的青葙群落也是蝴蝶極為喜愛集聚的野花。一片花海裡，經常有蝴蝶群飛舞著，構成相當動人的畫面。

紅毛草是從熱帶南非引進的禾本科，十幾年前，開始出現在平地的郊野和鐵道附近，數量並不多。但短短一個年代過去，現在連一千公尺的山區都有身影。粉紅的花穗迎風搖曳，景觀撩人的背後，隱藏著一個不確定的生態威脅，讓人對它的喜愛，有著不安的疑慮。

森林鳥類的觀察

一名當地的賞鳥人帶我們走進隱密的闊葉林子，尋找鳥類。F君發現我有些遲疑，還以為我害怕被蚊子叮咬，或者擔心時間有限。我們爬到一處視野開闊的林間空地才停止，在那兒等鳥，結果什麼鳥也未發現。

下山半途，我忍不住告訴隨行的F君，「林鳥多半在森林邊緣覓食，很少進入森林裡面的。我們進來找鳥，機會原本就不大。」

這也是當地人走進去後，選擇在林間的開闊地等鳥，而不是在一處較為隱密的地方。對他而言，或許，開闊地是視野較清楚的位置，其實這個理由並不全然對，只是站在賞鳥者的經驗。根本的原因，還涉及到森林鳥類的覓食習性。

一般選擇團體覓食生活的森林鳥類，多半會選擇在森林邊緣活動，包括繁殖，較不傾向於進入森林核心生活。一來為了安全，二則食物較多。F君最近和我都讀過《沒有名字的鸚鵡》，作者曾經深入祕魯的熱帶森林觀鳥，裡面也有類似的敘述。

我們一離開林子後，隨即在林子邊緣遇到一群藪鳥，和一些快速移動的棕色小鳥群，組合成一個中海拔的林鳥集體。

通常，觀察一支鳥群接近時，賞鳥人喜歡喃念著群鳥的各種名字，試圖尋找更多的種類。在低海拔，賞鳥人記錄的主要鳥群成員，大概就是頭烏線、小彎嘴、繡眼畫眉、黑枕藍鶲、山紅頭、綠畫眉等數量普遍的鳥種。

我的興趣不同，有時還會注意到鳥群出現的位置、種類組合和時間氣候的變化，以此分析鳥群集聚的成分，但這往往不容易獲得明確的答案。

賞鳥人的困擾

賞鳥人在野外旅行，除了賞鳥外，對其他自然事物的觀察，往往缺乏較大的興致。一路上缺少鳥類觀察時，儘管心情存著對自然環境尊重的態度，但他們和一般的遊客所看到的景觀，不會有多少差異。

這幾日的賞鳥旅行便呈現類似的窘境。沿著雙流的溪岸行走，三小時的路程，看到的蝴蝶、蜻蜓和草木，遠比鳥類多而豐富。在穎達農場，蛙類和各種昆蟲的繁複也不下於鳥種的奇異。旭海草原和阿禮村落更別提了，稀疏的鳥聲實在不若有趣的原住民文化和奇異植物。

當我看到鳥友無所事事地躺在草原，遠眺海邊時，總覺得有些遺憾。或許，不為什麼地遠眺，更有其心曠神怡之情境。不容我以一己之觀，率性評判。但放諸賞鳥人的視野，未來之可能，不免冀望更深。

其實，自八〇年代賞鳥風氣興盛以來，許多鳥友們都已自覺到光是賞鳥，不足以應付野外自然觀察的需求。不管是自己，或者一般愛好自然的民眾，總希望在現場的環境裡，多識鳥獸草木之名，做為投入關懷這塊土地環境的必要條件。

當他們在野外帶隊，或者個人的旅行時，透過這種見聞，經常能打開更多的野外視窗，看見更多的生命意義，甚而從野外的閱讀裡，感悟一種個人的成長。賞鳥人觀察自然到一個階段後，應該有這方面的包容視野，我如此至深期待。

旭海大草原

從海邊的山腳走上山頂的草原，約莫半個多小時。爬到山頂後，隨即聯想到擎天崗草原的寬闊、綺麗。不過，植物相差異實在太大。因強風而形成矮灌叢的台灣海棗，結滿了纍纍紅果。還有其他熱帶植物，都再次提醒了我，這裡是多風而乾旱的南方。但旭海在左右海域的環顧下，隱藏著狂野。

北邊一片綠海，枝幹形狀迥異於北部相思林的節制，散發著高大而奔放之氣。若是往南邊鳥瞰，牡丹灣和層層高大的山巒，又構成壯觀的海岸景緻。或許，少了清水斷崖般的傲岸、雄渾，卻別有一番肅穆。

百年前，這處海與地的交會點，留存著狹窄的海岸線，供給旅人辛苦地南北往來。我想像著英國探險家泰勒和排灣族首領潘文杰的冒險，還有清末時期胡適之父胡鐵花奉命，由此前往卑南平原任知州（縣長）的辛苦旅行。

在高台的草原上，更可以合理地想像，灰面鷲群浩蕩地掠過天際，隨著狂猛的落山風，快速飛抵墾丁的酣暢。

莫氏樹蛙

經過幾處山區，凡有寂靜小水池和蓄水池的區域，多半會發現外表墨綠色的莫氏樹蛙，棲息在一方小小的天地。最高的紀錄可看到五隻，全部蹲伏在白色的堤岸。白天時，仍舊發出空洞的「咯、咯——」長鳴，看來牠們和台北樹蛙一樣，都進入繁殖季了。這種台灣特有種，在南部山區相當常見，以著名的白色泡沫卵塊繁殖後裔。我在北部的陽明山還未見過。在盆地南邊的烏來山區也只見過一回。

看到牠們生存的環境，我試著問F君一個有趣問題，山區高而遙遠，每個水池和另一個的距離也如鴻溝。依賴水池繁衍後代的莫氏樹蛙，如何遷移到另一處遙遠的水池？

根據蛙類的習性，我大膽判斷，一隻莫氏樹蛙到了成蛙的體型時，恐怕都有一個固定的棲息區域。牠的移動，多半是在幼蛙時期，離開舊有的水域，進入林子裡以後，透過長期的生活、旅行，才能抵達一個新的，或者回到原來的環境生存。至於，由雨水在森林裡臨時形成的窪地、水坑和溝渠，恐怕便是幼蛙往外遷移，繁衍後代的各個小綠洲。

賞鳥學者拉圖許

連續兩個夜晚，沿著東港溪上游一處山路尋找蛙類回來後，都和朋友坐在東港溪的堤岸徘徊。為了防止雨季溪水的氾濫，堤岸做得相當寬大，猶若城堡般的厚實，可見這條溪的水性相當活蹦亂跳。想到適才的夜探，山路旁的溝渠竟只發現拉圖許氏赤蛙，禁不住緬懷起一段早期的賞鳥歷史。

台灣最古老的天主教堂，就坐落在附近一小時的萬金村，叫做萬金天主堂。十九世紀中葉，外國天主教神父來此傳教十年後，在一八六九年興建。我的興趣自不是教堂本身，而是另一個鳥類學者的事蹟。

非常巧合的，在我們來到萬金村下榻時，一百零三年前的同樣時日，一八九三年十一月十一日，英國賞鳥學者拉圖許從打狗走到萬金村天主堂。這位台灣早年鳥類研究開拓的重要人物，在教堂裡住了一個禮拜，製作與研究由附近採集回來的標本。

滯留期間，拉圖許至少有兩次機會往北旅行，沿著東港溪，前往現今魯凱族村落萬金村的山區探查。他發現的鳥類，不論是少見的熊鷹、黃鸝，或者一般常見的山鳥，都是我們此行也能記錄到的鳥種。甚至於常見的拉圖許氏赤蛙，恐怕也是在此時此地最早發現的。

多納昆蟲記

在植滿台灣杉的林道散步，撿到了紅圓翅鍬形蟲的殘骸，後來又記錄了星點椿象，還有一隻糞金龜在林道推糞球，我不免發出慨歎之聲。

友人好奇地問道：「為什麼要這樣感嘆？」

我回答說：「這些昆蟲，在台北海拔一百公尺的福州山都記錄過，沒想到來到一千公尺的這裡，還會遇見牠們，其實是很無奈的。我希望碰到是不同種類的各種昆蟲。」

下山前，鳥友帶來一隻象鼻蟲，讓我先鑑定。我一看竟是喜歡用水金京築巢的捲葉象鼻蟲（有人稱之為長頸象鼻蟲），以前在仙跡岩就記錄過，失落之情更甚。

也或許，這些昆蟲可以用某種形式來解讀。如何看待呢？我發現，牠們都是林子開發比較嚴重區域常見的昆蟲。如果，我往林子隱密處探查，應該會有不同的新奇種類才對。

前幾年春天，鳥類畫家何華仁來此觀察，便記錄成群大型的糞金龜，在分解糞便。還有像牠們一樣巨大體型的螢火蟲。光是這兩個自然景觀的描述，對這裡的春天，我又充滿了無限浪漫的冀望。

甘蔗田和稻田

車子沿著一八五號公路前往楓港，道路兩邊都是蔗田，積沉著廣闊而深遠的綠色。早先在東港溪溪畔，從大片大片的芒果樹林，我已再次從自然景觀深刻地感受，南方的粗獷、乾旱，一望無垠的蔗田更帶來這種氣氛的綿延無盡。

一位曾在萬金村附近當兵的鳥友，回憶當年在此服役的情景，感傷地描述，「好像進入監牢服役一般。」他指的就是這種一成不變的自然景觀，帶給人的單調和枯寂。我曾經在附近的龍泉海軍陸戰隊受過訓，相當能體會這種心境。

「假如當兵時懂得賞鳥就好了。」他幽然說道。

或許，賞鳥以及自然觀察會讓他一改對自然景觀單調的成見。甫接觸自然的F君便覺得，四十歲的我，因為博物，而且多了人文的思考，到了野外，好像比別人增加許多的快樂。

但我想，憂傷和感傷也難免多一些吧！

無論如何，每次到南方總是把它當成一個陌生而親近的異國在旅行。它帶給我的興奮和刺激，夾雜著熟稔的愉悅，和淡淡旅愁。

三天後，帶著南部的景觀印象，由高速公路北返。車子載著我的疲憊和新鮮，穿過莽莽的蔗田。奔過員林後，我自車上醒來，驚喜道：「這裡是我最熟悉的地方，我的家鄉到了。」

「怎麼看出來的？」友人關心地問道。

「因為附近都是稻田景觀。」我滿懷旅行之感傷說道，「只有濁水溪以北大甲溪以南，這一個路段才會有這種到處是稻田的景觀。這是西海岸中部的地理特色。從學生時代，我已經離鄉二十年，沒有好好回去過。」

（一九九六．十一）

Chapter 5

後山南北

就像每年在沙洲上隨風浮升的紅隼，
在秋天，不斷地升空。
極盡視力的鳥瞰，不爲什麼，
卻想要看清任何東西般，
深深地凝視著這條河。
把自己的情緒和河的種種攪混在一起，
如此不斷的高升、高升，
直到肉眼無法辨識。

冬山河

每次到宜蘭旅行，都是過親水公園而不入。

除了票價昂貴，拒絕進去的原由還有二因。一則，我不喜歡過度人工化的親水設施。十幾年都已過去了，那些充滿現代符號的景觀和地標，依舊無法和我熟悉的當地環境契合。二來，從小在冬山河長大的一位朋友跟我說過，「冬山河是為你們台北人蓋的。」

後來猜想，朋友指的主要是親水公園吧？

後來每次都是駕著車，直接跨過利澤簡橋。從橋的左邊小路彎回。再沿著河岸，開始旅行，對眼前的親水公園視若無睹。一起走過這條路線的朋友和家人，對這種旅行方式也覺得新鮮，似乎更能掌握那麼一點真正的冬山河。

沿著整治後長達十二公里的河道，緩慢觀賞兩岸的風景。我的運氣甚好，兩次去都接近收割的季節，左邊是金黃飽滿的稻田，右邊是明媚的河岸風景。

經過整治後，這段河堤並未有低水護岸，漂浮其上的流動草澤，依舊吸引不少鳥類棲息。諸如紅冠水雞、白冠雞、小鸊鷉、夜鷺、小白鷺等，都是河岸最常見的鳥類。

看到這些鳥類，我都會想起十九世紀中葉博物學家郇和在台灣的旅行。這位最早在台灣採集鳥類的英國人，六月時也曾搭小艇上溯此段河域。當時的河段彎彎曲曲，沼澤叢生，溪流的鳥類絕對比今天多。可是，郇和在這段河域裡卻未提及任何鳥類，倒是敘述了不少噶瑪蘭平埔族的生活事蹟。

一百年後，住在宜蘭的鳥友吳永華，曾沿著郇和走過的冬山河，再度訪查過。他所描述的冬山河環境，沼澤之豐腴，足以吸引多樣沼澤的動物棲息。緣於這一認知，我不禁懷疑，郇和野外鑑定鳥類的能力。除了僱人打獵到手的鳥類方敢鑑定外，在一個初次抵達的陌生地，他大概還沒辦法做出任何深入的鳥類觀察。

沿著河岸，有不少黑板樹和阿勃勒，這些外形美觀的樹，外來種的身分讓人深感失望。接近親水公園附近的河岸，最近栽植了大葉山欖和黃槿。這兩種樹比較接近當地的常民生活，前者是噶瑪蘭族的代表樹種。黃槿是漢人常在海邊、河岸栽植的喬木。

整治的冬山河中段，橋墩不少，最有名的一座是嘉冬橋。猜想過去這兒一定有茄冬大樹，只是現在消失了。這座古樸的橋，經常有人在橋上用傳統的撒網捕魚，不免想起噶瑪蘭族在此結網捕魚的生活。

過了嘉冬橋，還有一座不知名的橋，我也莫名的喜歡。大凡一條河若是景觀和環境都被接受時，上面的橋總是耐看而可親的。反之，再怎麼雅緻的橋，橋下若是污水濁流，都美麗不起來。

最後一條是宜冬橋，左邊有平野的森林公園，無論什麼時候去，都有許多人垂岸釣魚，枯守著平原的從容。整段溯河旅行算是暫告一段，我走過了台灣平原裡最美麗的河段。

但抵達宜冬橋時，我提醒朋友，注意觀看兩條小溪匯入冬山河的情形，以及兩邊河岸的綺麗風景。有兩條未受到整治的小溪流，從左岸蜿蜒過來，兩岸林蔭茂密，鳥類梭巡、蝴蝶翻飛。縱使不讓我這種自然史癖好者聯想到早年的冬山河，朋友們也會不自覺地讚嘆，這些原始小溪的美好。當然，他們的信念也開始動搖，懷疑經過整治後的冬山河是否對了。

接著的旅行，我們往河口出發，繼續沿著河岸前進，繼續用米蘭昆德拉最愛稱讚的緩慢速度，經過親水公園對岸。最後停車下來，遠眺另一邊，困惑著親水公園坐落的意義。

繼續朝下游去。橫過車輛熙攘往來的加禮遠橋，抵達熟悉的清水橋。

這是五結鄉防潮的大閘門，許多夜鷺和小白鷺集聚這兒，捉捕從河口到這個終點洄游的魚類。這裡是河口的咽喉，控制了整條冬山河的水量。整條冬山河的自然生態也因為它的存在而全然改變。

十幾年前，來此參加冬山河研討會。看到這座大閘門時，隨即聯想，那些有洄游性，由海上溯回河上游的魚蝦怎麼辦？當地的朋友聽到我如此詢問時，報以無奈的苦笑。

電影《侏羅紀公園》公園裡的男主角說：「生物自己會尋找出路。」暗示恐龍有辦法找出繁殖的方法，但是面對高大的閘門，這裡的魚蝦有可能嗎？

從大閘門沿著冬山河左岸旅行，這是十多年來賞鳥人的傳統路線。到底這是自己第幾回來，也算不清楚。每次別人問及印象裡最美好的記憶時，冬山河河口的蘆葦沼澤和沙洲曠野，總會自胸臆浮升。

更何況，好友之獨子調查時罹難，初識的鳥友也自此訣別，孩子的自然啟蒙更從這兒出發，這片沼澤對我豈只是一片好山好水和豐富的鳥類資源？

「每次來都是惴惴獨行的，包括這一次。」我對結伴來的台北友人說。

是的，每次從大閘門出發，我就像每年在沙洲上隨風浮升的紅隼。在秋天，不斷地升空。極盡視力地鳥瞰，不為什麼，卻想要看清任何東西般，深深地凝視著這條河。把自己的情緒和河的種種攪混在一起，讓思維全盤翻騰，讓生命混淆不清。如此不斷地高升、高升，直到肉眼無法辨識。

然後，再迅速陡降，摔落身上的任何負荷。空著澄澈的身心，如河之義無反顧地撲向海洋，寂然地回到北邊的大城。

雙連埤

繞過長長的彎路，抵達福山之前，會經過一處風景如畫的高原。這座海拔四百七十公尺的環境，擁有兩座大小相連的天然埤池，因而叫雙連埤。十七公頃的面積並不大，面積在台灣山區大型湖泊裡卻相當罕見。它是員山鄉內山區的集水區，擁有調節粗坑溪水利的功能。

每回走訪此地，我都會憩息一陣，時間多時，還會繞湖觀賞。在這片美好的湖光山色，我偏好以生活裡最閒暇的從容，分享這一高原景觀般的地理特色。這種高原有什麼意義呢？難道農家的物產特別與眾不同？也不盡然，但從蜻蜓身上，我卻找到了很好的詮釋角度。

幾位研究蜻蜓的同好，前往福山採集昆蟲標本時，慣常在雙連埤下車，走進埤塘邊的沼澤，尋找台灣特殊而稀有的蜻蜓。

　為何這裡才可能有這些蜻蜓呢？他們認為平地的池沼環境多半受到破壞，原生物種的棲地消失，許多昆蟲難以發現。只有這處高原，埤池環境仍舊維持早年的風貌，可能還保有獨特的生物。譬如在其他地區絕跡的青鱂魚，還有沉水植物累積的「草毯」，都是獨一無二的。

　他們果真也在這兒找到兩、三種小蜻蜓，都是三、四十年來，再次採集到的新紀錄。

　每次想到朋友們在草澤間，興奮地拍攝這些小蜻蜓的景象，就不覺莞爾。這種滿足只有深入其中，瞭解箇中生態意義的人才能享受的。我也相當感謝上蒼，賜予我這樣的智慧之窗。

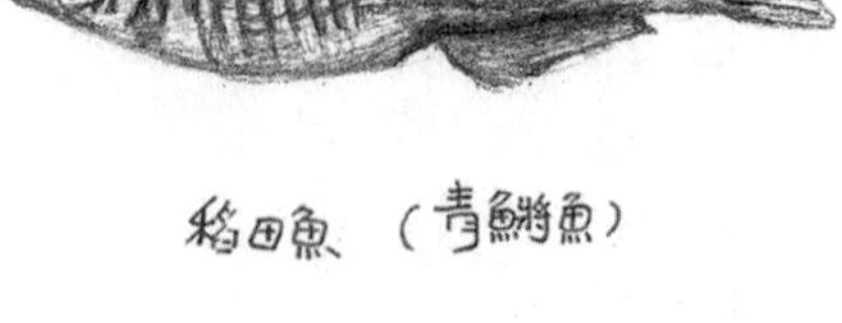

稻田魚（青鱂魚）

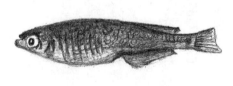

松蘿湖之旅

一本過時的旅遊指南，簡單地描述著松蘿湖的位置，位於南勢溪源頭，又因為湖面終年雲霧迷霧，被稱為十七歲之湖。最近的旅遊指南繼續抄襲著這份過時的資料，裡面還有兩個錯別字。

「松蘿到底意味著什麼呢？」

搭著車沿中橫支線上山，經過松蘿村，繼續前往玉蘭途中，我們興致勃勃地討論著。自然觀察作家陳健一根據採訪的資料研判，「松蘿」即當地人口中的紅檜之意。

「難道不是苔蘚、地衣之類的近親？因為松蘿地方潮溼，故而取名？」我試著提出不同的見解，結果隨車的隊員多附合我的意見。

陳健一被我問倒了。但是宜蘭的地方文史工作者吳永華出來解圍。他補充道，宜蘭文獻早年即有松蘿的名字，而且清楚註明是泰雅族早年居住的「番社」。後來，我再查資料，發現松蘿之名的確是源自紅檜繁多，而松蘿即檜木之意。

但是，我們搭車由玉蘭村旁的本覺路上山，一路上都是開墾的茶園梯田，幾無林子的樣貌存在。玉蘭過去即以產茶著名，難以想像檜木成群的樣子，或是早年森林的形容。

根據文獻報導，松蘿湖位於南勢溪下游，最早發現與取名者，是台大登山社的成員。那是一九七七年左右的事。其中一名成員，我識得，綽號阿廣，現在任職於玉山國家公園。他的登山經驗與豐富度，在台大登山社是有名的——當然包括生吃昆蟲之類，野生的求救能力。

他們最初發現松蘿湖的方向，是從烏來的南勢溪走進去，而非現今玉蘭上稜線的山路，也非過去沿松蘿溪的舊路。跟我一道前往松蘿湖的吳永華，十年前卻是溯溪而上。這是當時最盛行的走法。當時行程頗為辛苦，出發前一天，睡在松蘿國小。早上五點著輕裝，趁檢查哨還未起床，溜了過去。再沿松蘿溪趕六小時的山路，遇湖折返。一天來回，十個小時。

現在已有公路，從玉蘭旁邊的本覺路一路順暢上山，抵達一座寫著「停車場」的圓形水塔。最近的登山報告說，由這兒走三個半小時即可抵達，但我們疏忽了，這份報告提到的可能是輕裝縱走，不像我們重裝上山。結果，我們走了六個小時，翻上拳頭母山的位置，才透過林隙的光線，勉強看到山谷下，一片綠草如茵的松蘿湖。

在圓形水塔後面的草地，我遇見一隻大型、褐色翅膀的勾蜓科蜻蜓。牠像一架重型B29轟炸機，在草原上輕快地來回梭巡，追捕著草尖上活動的飛蟲。牠到底是哪一種呢？在我要離去之前，又有一隻翅膀全部透明，低飛而過，腹尾略呈半圓隆起。我已經被牠們搞混了。這種勾蜓的翅膀變化多端，雄蜓翅膀透明，雌蜓的變化多。我研判是山區常見的褐翼勾蜓了。

進入林子裡，暮蟬發出悲涼般的鳴聲，偶爾夾著熊蟬和騷蟬的聒噪鳴叫，叫得登山者的心情愈加沉重。

山路兩旁盡是冷清草，還有開紫花的倒地蜈蚣、水鴨腳秋海棠。林務局栽種的柳杉也四處可見。鳥叫聲十分稀落，潮溼的林心，只有繡眼畫眉，或者大彎嘴閃逝的身影。

隔天早晨在湖畔，記錄了藪鳥、橿鳥、白耳畫眉、棕面鶯、褐色叢樹鶯、大冠鷲、烏鴉等少數鳥種。此外有些心得，或許登山者有興趣，譬如螞蝗不多。湖邊有台灣獼猴的聲音，偶爾有條紋松鼠的鳴叫。

松蘿湖是一個歷史還未累積出豐碩人文意義的高山湖泊。除了近代登山人的形容與描述，難以找到更多歷史現場的有趣敘述。

我們抵達時，松蘿湖正處於低水位，整個縮小成帶狀，猶若靜寂的小河，兩岸長滿豐盈的水草。

據說十月以後到翌年四月滿水位時，像是在童話裡看到的湖泊。以前還有平地人，費心搬小艇前來，趁著霧起，讓模特兒坐上小艇，划到湖心拍照。

岸邊的森林，紅檜林立，亮著鮮明的白灰木幹，異常醒目。這兒海拔不過一千四百公尺左右，為何就有紅檜生長呢？後來，一位宜蘭的植物學者告知，原來北部多溼氣，加上較冷之故，紅檜生存的條件不如南方嚴苛。

我站在湖水乾枯的山路邊，研判水滿時，約有兩個足球場大。水枯了，湖岸盡是蓼科的水蓼。還有一種開紅花的野草，可能是睫穗蓼的近親。遠一點的草地才有水韭。然後是花期已過，結了紅果的山茶。暗自慶幸自己穿著雨鞋上山，非常適合在這些浸入水澤的水草周遭，觀察和拍攝昆蟲。

黃昏時，我和吳永華沿著湖邊尋視，突然驚起一隻暗褐的鳥類。牠飛了一段隨即又沒入另一端的湖裡。牠的脖子拉長，飛行快速，形狀明顯地是一隻雁鴨科。我們再試著走到那兒去，結果又驚起牠。

這回看清楚了。雖然未帶望遠鏡，但我們的經驗同時告知，牠的體型大小類似小水鴨，卻有一些差異。何況，現在也不是雁鴨科南下的季節，這隻又沒有跛腳或受傷的情形。

那麼會是什麼種呢？只有一個可能了：鴛鴦。這是早年來松蘿湖的人最常記錄的鳥種。我們沿著蓼科密布的湖邊巡視，發現不少長橢圓的糞便和零亂的羽毛，猜想都是鴛鴦遺留的。從糞便的份量研判，牠們的隻數顯然不少。這時節，一隻鴛鴦的羽色竟是暗褐，而且單隻，若不是雌鳥，八成是亞成鳥了。

湖邊多蚪蚪和喜歡仰泳的松藻蟲，想來都是鴛鴦的食物。

夜深時，湖邊盡是腹斑蛙的叫聲。這種喜歡集聚大池的蛙類，顯然是目前活動最熱烈的一種。除了腹斑蛙，還有一些澤蛙在唱歌。但我始終未看到牠們的身影，不免感到奇怪。其他的蛙類也未記錄，更未聽到聲音。

晚飯時，腹斑蛙不斷出沒營地旁，參與我們的晚宴，形成有趣的干擾。牠們的豐富數量亦可想像。

蛙類豐富，沼澤的飛蟲自然也多。相對的，蛇類的數量也會不少吧？果然，不過一個晚上和早上的時間，我在湖邊就記錄了五條水蛇。有些兩棲類的圖鑑提到，水蛇目前數量並不容易發現。松蘿湖顯然是個例外，而且不只現在。過去一些來過的登山人便提到過了，這兒蛇類很多，猜想說的就是水蛇。

晚上看到一條水蛇露出頭來，瞭望四周。隔天早晨，一條水蛇繼續像眼鏡蛇般，豎立著脖子，像一條垂直的繩子，靜止於水裡。這個季節，牠們的主食便是蛙鳴滿湖的腹斑蛙！

清晨陽光還未照射到湖邊時，一隻灰白帶淡藍的蜻蜓開始活動於湖邊。它的體型略大於平地常見的鼎脈蜻蜓。但色澤較亮麗，腹部更加寬大。那是我在北部尚未見過的白刹蜻蜓。

等陽光出現，前往湖邊取水，一對雌雄的白刹蜻蜓，正執行護衛與產卵的工作。雄蜓的頭明顯呈綠色，腹部灰白，但尾部七、八、九節部分都是黑色的。雌蜓和一般灰蜻屬的雌蜓一樣，展現棕黃色澤，腹部相當寬闊，黑斑也變得明顯。

雄蜓一如其他灰蜻屬蜻蜓，盤飛在雌蜓上方咫尺處，監護著雌蜓產卵。不遠處，一隻雄蜓偶爾飛來干擾、纏鬥。但大部分時候，牠們獨自共享這個時間。我離牠們約一公尺之遙，雌蜓由於體型碩大，拍翅時發出了嗡翳之聲。強大的拍翅力，讓我具體地感受，自然生命的美好律動，清楚而有節奏地傳來。

等天色更亮，白刹蜻蜓愈來愈多。到處都有交配、產卵和纏鬥的情景在發生。也有一些，個別停在旁邊的水蓼植物休息，鎖定為領域範圍。一隻剛剛羽化的豆娘，還閃著粼粼的亮光，準備慢慢地飛上天空時，被一隻白刹蜻蜓掠出，攫走了小生命。

豆娘裡，黃腹細蟌數量最多。但在平地池沼，這種漂亮的豆娘，數量零星而有限。在小綠山三年，我只記錄了兩次而已。牠們閃現著鮮黃帶黑的色澤，像溯溪水而上的細長錦鯉，不只在池邊，旁邊的水蓼也四處可見。我懷疑許多褐色的豆娘可能都是未成熟的雄蟌。天氣愈熱，雄雌相互交配的情形愈多。

除了白紉蜻蜓、黃腹細蟌，至少還有四種蜻蜓目，一種是大型的藍色豆娘，可能是絲蟌科。另外一種全身鮮紅的蜻蜓，是這兒僅次於白紉的優勢蜻蜓。由於牠們的產卵方式一如薄翅蜻蜓，而且在山區，我研判是赤蜻類，這一屬台灣約有五種。

清晨時，湖邊的草叢掛了許多平行或略為傾斜的圓網。一些接近水邊的網，都未看到主人。但靠山區的，我立即發現了平行背位的主人。原來是以銀腹出名的中形銀腹蜘蛛，步腳呈綠色。這種蜘蛛最大不會超過兩公分，在平地也經常可見，就不知是否為同種。

湖邊最多的蝶類是黑端豹斑蝶。開白花的水蓼，吸引了牠們大量前往吸食。機警而美麗的雌蝶，以及行徑較大膽的雄蝶，比例相當平均。

雄蝶們還飛到營帳邊，和台灣單帶蛺蝶、小單帶蛺蝶、琉璃蛺蝶一起活動，忘情地吸食帶汗味的水分。牠們成群停在背包、垃圾、營帳以及登山鞋襪上，徘徊不去。

美麗的斑粉蝶最吸引我，這種蝶類平地並不易遇見。

森林邊緣有一種植物開白花了。那是常見的狹瓣華八仙，吸引了一些蝴蝶到來。這時才開花，頗讓人不解。六月旅行陽明山時，那兒的花期都已結束。

離去前，在湖邊草叢撿拾了許多廢棄的塑膠袋、玻璃瓶、烤肉架和空罐頭，堆積起來竟有三個小山丘。回家時，每個人的背包都裝了一袋垃圾。這是每位登山者應該付出的義務。仔細觀察垃圾的成分，都是近十幾年來才留下的，可見我們這一代對山的破壞和污染，遠遠超過許多登山前輩。

下山時，背包的重量比上山時還重。

難得在大雷雨時，疾走於森林裡的山路。豪雨急速落下，從樹幹、樹尖、樹葉……流到地表。路旁的土壤積著落葉層，雨水隨即被落葉和腐土盡情吸納，沒有走失的機會。

但是落到山路的雨水，夾著裸露的黃色污泥，在陡急而狹窄的山路形成急速的小溪流，還來不及停留，便滾滾而下。

若非行走於山路上，實在難以想像這種沖刷的可怕情景。我清楚知悉，這些挾帶山上黃泥的雨水，將浩浩蕩蕩地下流，快速地匯入松蘿溪。緊接著，再流入蘭陽平原的鄉鎮城市與水田沼澤，最後衝入大海。

雨水雖為森林帶來豐富的生機，在人類過度開發下，卻也造成難以想像的破壞。這雖是老話！但很抱歉，我必須再次贅述。

（一九九三・十）

七星潭防風林

十一月初某天清晨，搭乘火車回台北之前，抽空前往七星潭防風林觀察。陪我前往的姚誠，在花蓮師範學院執教。他們全家大小都是標準的鳥迷。一遇例假日，夫妻倆外加兩個小孩，攜帶了各種賞鳥裝備，駕著車便到各地賞鳥。他們以花蓮為中心，最北到宜蘭竹安、冬山河看水鳥，南到海岸山脈尋找低海拔鳥類。往西呢？直接開上中央山脈的大禹嶺，觀賞高海拔的山鳥。

住在西海岸的人進行自然觀察，很難想像這種東海岸旅行的甘苦。如果你也長居花蓮，旅行的範圍在這個區域，想必也會遭遇他們家特有的快樂和煩惱。舉一簡單例子，在野外，你必須終年忍受花東海岸常見的、「不好看」的烏頭翁，在林子裡，不時干擾你的視線。烏頭翁卻是西海岸賞鳥者眼中的稀奇鳥種。而他們看到我們習

以為常的白頭翁時，反而眼睛一亮，認定那是世界上最漂亮的鳥種。姚誠國小二年級的大兒子，在東岸已認識了八十幾種鳥類，白頭翁卻是最近才發現的稀有記錄。

七星潭是花蓮少見的漂亮大海灣，殊少人為開發和干擾，防風林大致形成兩片狹長的，少說有四、五公里的隱密林區。防風林中有一條柏油路，將林子切成兩大片。靠海的一面以木麻黃林為主，緊鄰內陸的乾旱田地則以桉樹為主，主要有三種：赤桉、玫瑰桉和垂尾桉。不論哪一種林相，下面都密生著各類雜草和血桐、構樹、樟樹的次生林。

清晨六點，姚誠把車駛入防風林的柏油路不久，在一處較空曠的路邊停車，開始沿柏油路散步。

我跟姚誠說，這片防風林中間的柏油路，若只鋪石子，或者沒有柏油，配合防風林的良好林相都會是很好的自然步道。可惜，現在車輛漸多，形成賞鳥的一大困擾。尤其是許多砂石車，為了躲避警察的檢查，轉由此繞道急駛而過，成為這兒的兇神惡煞。以後要安靜地賞鳥，勢必要開闢一、兩條小徑，進入林子裡，才能看到更豐富的生物。

一下車，便聽到烏頭翁的聲音。牠們在木麻黃林來去，叫聲比白頭翁略為低沉，又說不上來的濁！熟悉的黑枕藍鶲，每隔個兩、三百公尺就聽到叫聲。雖然看不到身影，但從複雜的叫聲，大致還能判斷出，那是在做領域宣示之類的鳴叫。途中問姚誠，這兒有沒有山紅頭？他搖頭說，只在海岸山脈。這兒也沒有小彎嘴。但我聽見了，粉紅鸚嘴群纖細嚅嚶的叫聲，自草叢傳來。林冠上層大群綠繡眼群，沿枝跳躍。可以確定的是，這兩種常見鳥種在防風林，都是黑枕藍鶲組成覓食團體的主要夥伴。

早上太早起來了，蟲兒較少，未看到任何昆蟲的蹤影，只有一隻琉球青斑蝶飛臨。路旁有長穗木盛開的紫花，和花團錦簇的馬纓丹。再過一、兩小時，太陽高照了，應該會有不少蝴蝶來拜訪。吸花蜜如蜂鳥般的長喙天蛾，應該也會快速地移動於這些花叢間。這種蛾，昨晚才知道牠的真正中文名字。說到這事，還真要感謝姚誠的大兒子。他看到我時，興奮地取了一些孩童的自然圖鑑，讓我鑑賞。翻著，翻著，無意中便從那兒發現了這種飛行快速的蛾類。這林子沒有蟋蟀的叫聲，連寒蟬都未聽到——或許這兒沒有寒蟬。但是有一種螽斯發出短促空洞的顫音，這時節在北部還不曾記錄過，讓人印象深刻。

草叢裡也有野鴝簡單而壓抑的「伊幽」，暗地傳送，還有赤腹鶇的「滋」一聲，劃過林空。牠們提醒我，第二波冬候鳥已經到來。這幾日在北部的山區旅行時，還未記錄這兩種呢！沒想到這兒反而先有了。至於，第一波的極北柳鶯和紅尾伯勞早就來了。

準備離開時，空曠的旱田傳來小雲雀的聲音。牠連續清脆的響亮鳴叫，穿過隱密的桉樹林，教我想到馬偕百年前初來七星潭的情景，想必他也聽過這種淡水附近常聽到的，半天鳥的歌聲。

不知為何，面對這個台灣自然志空白的位置上，總有較大的失落，很想添入它一些早年歷史風物的隻字片語。職是之故，請容許我簡單敘述一些七星潭的歷史，跟自然志做一些互動。

當時，七星潭以北之海灣附近全叫加禮宛，居住者是由宜蘭遷居過來的噶瑪蘭平埔族人。由於漢人開拓蘭陽平原日益眾多，他們在宜蘭冬山河附近難以生活，才搬來此地落腳（一八五三）。一八七〇年代，馬偕在冬山河傳教時，知道有些噶瑪蘭人已經搬到花蓮的奇萊平原，故也搭船來布道。馬偕提到這兒放養了許多牛群，除此沒有隻字片語，提到自然環境。但光是提到牛群，大致也可以想像，這兒是不可能有這片防風林，或者其他樹林，應該是曠野漠漠的風景。

（一九九三）

車過縱谷

帶八歲的大兒子奉一搭飛機到花蓮旅行。這是他第一次搭飛機，我還攜帶了繪本。一路上，繪了兩、三張台灣地圖，讓他知道從台北到花蓮，是如何去的，還有我們要去過夜的地點富源，到底在哪裡？我希望他養成隨時知道自己身處地點的習慣。

當天，姚誠興奮地也帶著十歲和八歲的兒女，一起前往這座位於花東縱谷的森林遊樂區。

他們全家投入自然觀察並開始著迷，不過是這幾年的事，但已成績斐然。我一走進他們家庭院，便感覺出不一樣的環境。院子裡種了冇骨消和馬纓丹等非園藝的盆栽。這些都是蜜源植物，最容易吸引相關昆蟲前來採食。好幾棵柑橘科植物，都有鳳蝶科的幼蟲。

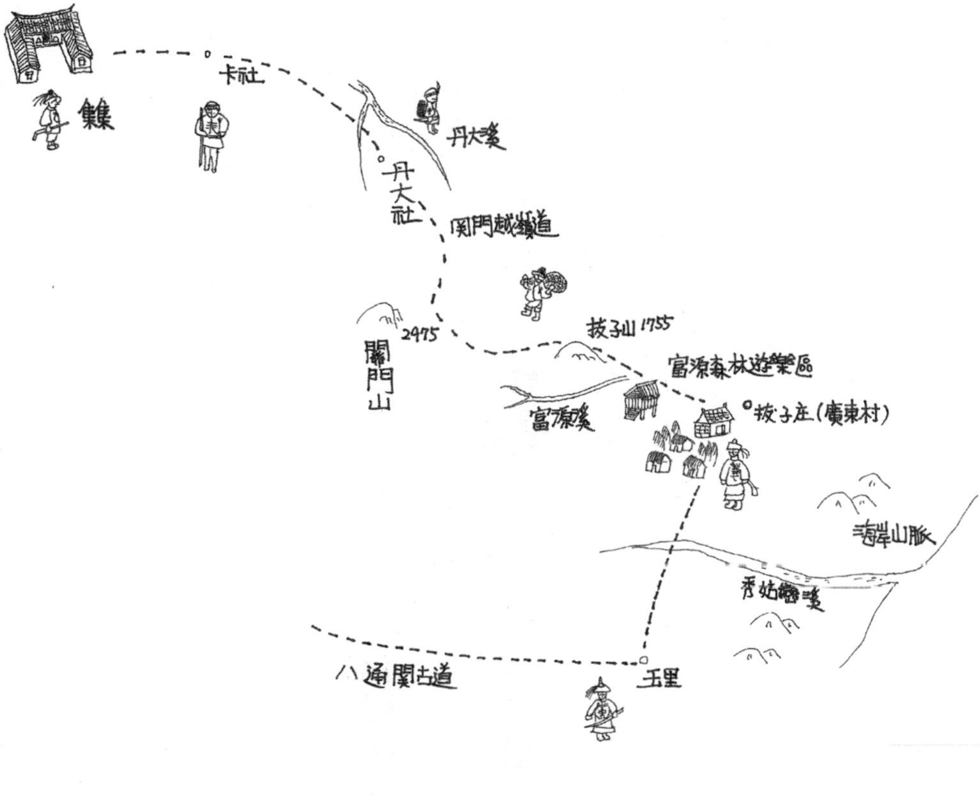

集集
卡社
丹大溪
丹大社
関門越嶺道
2475
關門山
拔子山 1755
富源森林遊樂區
富源溪
拔子庄(廣東村)
海岸山脈
秀姑巒溪
八通關古道
玉里

女主人則迷上了鳥類攝影，前一陣子經常跑富源森林遊樂區，拍攝一對台灣藍鵲的築巢。他們的大兒子，三年不見，野外經驗更加豐富，跟我談自然觀察頭頭是道。有些我不甚清楚的知識，他懂得比我還多。尤其是蝴蝶和鳥類的觀察，遠超出一般同年級的孩子。像他這樣從小喜愛自然觀察的孩子，將來求學過程的成長，我最感興趣。也樂於和他交談，希冀從他身上獲得更多啟發。

我們下榻小木屋。晚上出去進行夜間的自然觀察，記錄了五種蛙：拉都希氏赤蛙、斯文豪氏赤蛙、黑眶蟾蜍、腹斑蛙、褐樹蛙。貝類有斑卡拉、青山和高腰三種。可惜，

沒碰到蛇出沒。後來，在房子裡，將一隻撿到的粉吹金龜做為繪圖的模特兒。畫圖時，聽到了遠方有黃嘴角鴞的鳴叫。入睡時，黃嘴角鴞的聲音就在窗口外不遠處，叫得我心神不寧。

隔天大約四點，窗口又傳來黑枕藍鶲的叫聲。六點時，姚誠的孩子迫不及待地要出去賞鳥。我們沿著林木蓊鬱的自然步道旅行，最讓我感到好奇的是五色鳥的洞，非常的多，多半利用樟樹枯掉的枝幹打洞，而非枯木。一根枯幹被啄三、四個洞的，到處可見。

除了五色鳥外，黑枕藍鶲也不少。走個四、五百公尺，便聽到另一對的鳴叫。黑枕藍鶲是森林鳥類團體的指標鳥種，領域性又強。通常記錄牠們的出現密度高時，往往意味著林相良好。五色鳥的體積大，觀察容易，在繁殖期也是重要指標。

抵達富源溪攔砂壩，遇見一支鉛色水鶇家族。雄鳥正忙著餵食離巢的幼鳥。雌鳥呢？佇立於遠遠的溪石一角觀察，似乎在警戒。幼鳥有三隻，灰褐的全身仍有白色斑點，嘴角基部也猶帶肉黃色。幼鳥們在岩石和殘木間不斷地跳躍、鳴叫、搖尾，向雄鳥索取食物。

鉛色水鶇的飛行能力類似定點捕食。牠不斷地躍上岩壁找食物。有兩回，雄鳥餵食的內容讓我嚇一跳。牠咬的竟然是山棕的黃色果實！這種長得像藥丸的果實，正是盛產的季節。昨晚，我還聞到濃郁的花開香味呢！幼鳥張口大咬，竟然也吞下一整顆。以前，我試過，食之無味，而且比檳榔還粗澀，不知幼鳥如何接受這種食物。

中途，經過黑板樹的開闊草原。在一棵冠層的分叉枝幹上，有一個台灣藍鵲用枯枝堆疊的棄巢。先前，我也看到一對，在飛行中發出「雞狗乖」的聲音，但聲音相當沙啞，還以為是哪一隻竹雞感冒了。過去，我知道五色鳥會利用黑板樹啄洞築巢，便有些吃驚。但這種外來樹種，還會被台灣特有種鳥類如台灣藍鵲用來築巢，不禁讓我對它的壞印象一筆勾消。

回到小木屋時雖然才九點，但天氣十分炎熱。我們有些累，不想出門了，於是就近在周遭，讓孩子選擇植物和昆蟲繪圖。我喜歡教孩子自然觀察時，一邊學習繪圖，培養較好的專注和觀察能力。陽光翳翳，穿林而下，看著三個孩子在小木屋外選擇自己喜歡的植物繪圖，內心充滿了無可取代的喜悅。

鯉魚潭

鯉魚潭是花蓮唯一的平地大湖泊。以前一些鳥友在此發現過新的鳥種如唐秋沙等，因而對它慕名已久。等知道它是依山的環境時，對它更充滿高度的興趣與期待。

可是，第一眼的接觸卻相當失望，因為湖上竟有快艇來回急駛。接下，我的難過更嚴重了，一條環湖公路緊緊貼著湖邊。傍著的山頭也全然開發，看不到森林景觀。以前湖裡還有許多草澤，現在也全部清除，改建碧綠如茵的親水公園。親水景觀一如冬山河之翻版。據說，連花蓮的美崙溪也冬山河化了。

姚誠指著光禿的水面，跟我描述，前幾年紅冠水雞、白腹秧雞和澤鳧在草澤棲息的情形。這一豐富的草澤消失，水鳥當然不會再來。施政者並未將這些鯉魚潭的特色考慮進去。對他們而言，潭中有水草是破壞景觀、威脅環境的殺手，因為遊艇無法安然行走，又容易滋生蚊蟲。這一錯誤的生態觀甚是可笑，卻普遍存留在許多治理者的認知裡。

冬山河因親水公園出名，但它真的是未來河川生態的典範？地方是否可以從冬山河的模式找到自己的特性？都是必須嚴肅沉思的議題，但想到全國各地縣市都在競相仿效時，不免憂心怔忡。

如果要恢復鯉魚潭的自然環境，唯有停止汽艇在湖面行駛，只允許一般遊客划船。在幾個特定區域更要栽植水生植物，吸引鳥類回來。同時，限制車輛駛進環山公路，全部改為行人步道或單車區。這原本是很簡單、很正確的觀念，但涉及地方民代的利益分配時，我相當懷疑，縣府是否有魄力進行。

環頸雉

車子經過鳳林鄉平野，望著連綿而開闊的甘蔗田和高粱旱地，突然想起了環頸雉。我跟姚誠提及自己曾經前往和平車站，尋找環頸雉的緊張過程。姚誠看我尋找環頸雉竟如此辛苦，不免困惑，「以前看你寫文章提到環頸雉在西海岸快要滅絕，覺得很不可思議。」

「為什麼？」我略感遲疑道。突然想起在那篇短文裡，把環頸雉當成平野開發的指標。這種鳥喜歡棲息於廣闊而乾燥的鄉野，如果一個草原上看不到環頸雉，往往意味著這個地方已經開發過度，無法讓牠們棲息。在西海岸，環頸雉便面臨這樣的危機。

姚誠看我如此疑惑，繼續呵笑，「環頸雉在這裡仍很多。有幾次教學，放幻燈片時，小學生一看到幻燈片裡的環頸雉，就大喊『啼雞』。有的小朋友還告訴我們，環頸雉有時還會跑進庭院偷吃餵雞的飼料。」

他還跟我提及，當地的農民對環頸雉不甚有好感，因為牠們會破壞農作物的幼苗。有時放毒，一次可毒死六、七隻。

看來環頸雉的數量並不少。友人這一說，我為求一睹環頸雉的真面目，不惜迢迢千里前往和平火車站，彷彿成為一則城市賞鳥人的笑話。不過，只要環頸雉仍經常可見，被嘲笑個百次也無妨。

廣東村

進入富源森林遊樂區前，勢必要經過廣東村。一般游客可能不清楚廣東村由來，或者認識背後更深層而複雜的歷史情境。近來，幾位當地的好友都在花東縱谷做田調，相當熟悉當地的拓墾活動。

當我們在富源帶孩子自然觀察，討論到古道路線時，才從他們口中得知，原來這個村子裡的人，有許多祖籍都在廣東。他們的祖先早在一八七五年八通關古道開路時，便從大陸渡海到西海岸，並且隨吳光亮統領翻山越嶺抵達花東縱谷。吳光亮帶領的這支軍隊叫飛虎軍。由於他是廣東人，軍隊裡多半也是廣東地區的鄉親子弟，今天的廣東村有不少人仍是飛虎軍的後裔。

這兒的昭忠祠、城隍廟等一百多年前的建物，更在在告知著這個事實。昭忠祠是用來埋收廣東士兵死亡後的骨灰，城隍廟則無疑是隨軍隊翻山越嶺，在此興建，進而成為一個治理地方行政必要的宗教信仰，藉以安定軍民。

除了八通關古道的移民事蹟外，十三年後，北邊還有一條集集水尾古道，三個月就竣工，猜想是利用布農族的獵徑。同樣地橫越中央山脈，從集集拔社埔（水里）越丹大山，到水尾（花蓮瑞穗）。它的出現也深深地影響了廣東村居民的生活。

當年，這條山路旋即因原住民反抗，使用不過三、四個月時間，就陷於荒蕪。日治時期，為了聯絡東西邊，藉以控制山地，一九〇九年時又重新修建，叫做集集拔子庄道路。拔子庄就是現在的富源地區。南投文獻說，這條路在四年後，又因颱風而斷路，始終未修復。

如果根據日治時代的地圖，這條古道的路徑走向，就是由富源蝴蝶谷一帶爬上拔子山。循稜線，走過興魯郡山，到倫大門山，然後通往西部。

根據友人訪查，到了日治時代初期，古道可能還繼續有少數地方人士在使用。由西邊集集過來的漢人，繼續攜帶鹽、鍋鼎等簡單而必備的物資，走到東邊和布農族人換取獵物、獸皮等物品。此一原始交易。是否為一九〇九年初之事，就不可考了。晚近常稱呼的關門越嶺路，前身就是這條集集水尾道。

廣東村不僅是古道的要衝，這兒還是個重要的軍事重鎮。它鉗制了縱谷南北的交通，而且正對著大港口，阻斷了從海上來襲的方向。清朝才會在這兒設立軍事要塞。

友人的提醒，讓我想到七年前《台灣風物》有篇精采的報導，那是一位台灣史研究生李宜洵的報導，提及自己和登山隊前往古道踏查的經過。

從她的報導裡，我們略可獲知，這條古道在日治時期中斷音訊後，過去也有登山人如邢天正等岳界聞人，斷續發現類似八通關古道上用石頭鋪成的台階路。八〇年代，勇於冒險犯難的台大山社，在橫越關門越嶺時，也不斷看見L型古道痕跡、整齊的駁坎、短木柱構成的階梯、木橋和石階等古道遺跡。

兩條古道、廣東村和富源蝴蝶谷之間錯綜的關係，就這樣在新的旅行視界裡，重新展開了。這些富源地區，以及背後山區的部落往事，編織了這個區域獨特情境的歷史空間。喜愛自然觀察和古道追探的人，一定會著迷於此一旅行內容。

（一九九七）

縱谷的雁鴨大戰

四月初的溫煦天氣，離開台北盆地，站在花東縱谷的安通火車站旁，面對橫亙眼前的陌陌水田，能夠超越此愉悅的事，恐怕不多了。

前天經過蘭陽平原，那裡的秧苗甫插種結束，這兒的秧苗卻已長高，彷彿密生著濃稠的暗綠，遙映著中央山脈層層綿密的山巒。

南來北往的火車並未在這個小站停駐，因為鐵路局早已將此廢棄。我和一群北部來的賞鳥人，徘徊在月台上癡癡地站著。難道火車會因我們的出現，例外地停下來？當然是不可能的！但我們在守候什麼呢？

我們正把注意力集中在蔚藍的天空、濃綠的水田，以及盛開紫花的苦楝。未幾，一些東部常見的鳥種逐一出現。枯枝上，棕背伯勞在孤立中，展現樸實而亮麗的黃棕羽色。水田裡也有一行白鷺，翩翩飛上青天。縱使賞鳥多年的人，也不得不驚嘆著，這些常見的鳥種正以不同的飽滿色澤和習性，在恆常的景觀，展現另一細緻的個體美學。大自然的生物教人百看不厭，其魅力之所在，想必也就是這種因由。

可是，牠們並非這次觀察的重心。我們的最大樂趣來自廣邈的天空。天空不時有三兩隻雁鴨，結伴而過。牠們以典型的伸長脖子，拉著肥胖的身軀，像是長了翅膀的二胡，快速振翼飛過。隨即沒入暗綠色的稻田，沒入林叢後的秀姑巒溪。

旁邊的賞鳥朋友不斷地發出驚嘆聲。他們努力地從飛行的剪影，學習判斷小水鴨和花嘴鴨的分別。這兩個族群是花東縱谷的優勢鴨群。尤其是花嘴鴨，據說是台灣結集最大的一支。看不到更多鳥種下，花嘴鴨在此變成一種不可避俗的驚奇。在出現與消失之際的等待，我不免再把視線轉移回水田，想起最近幾年發生在牠們身上和農夫之間的戰爭。

這幾年，每到了冬末春初，雁鴨和農夫之間的水田爭奪戰，都會見諸報端，形成著名的人鴨大戰，而且像是一場自然界的越戰，截至目前仍無妥善的解決方式。

這情形是如何發生的呢？根據過去收集的資料，最早爆發時間，遠在六、七年前。地點就在這個小火車站附近不遠處，秀姑巒溪下游的農田。

其實花東縱谷旱田為多，主要作物也非以稻作為主，只有秀姑巒溪和其支流花蓮溪兩岸水源豐沛，才成為花蓮的重要稻米區。

根據近幾年的經驗，水稻田受到傷害的時間，多半是在剛剛收穫、播種或者插秧的季節。最早，開始傳出有野鳥群為害稻作時，稻農也搞不清楚到底是什麼鳥類，過了好一陣才確定是雁鴨群。

初時，雁鴨群的為害情形尚不嚴重，損害面積也不大，當地稻農並不以為意。只採用傳統驚嚇麻雀的作法，在稻田裡插上布巾、稻草人等物品，驚嚇這些外來的過客。

可是，過了一、兩年後，稻農們發現情況不對勁了。雁鴨群集結的數量愈來愈多，稻作的損害情形日益明顯。他們被迫採取更激烈的手段，殺害雁鴨群。後來確知危害稻作的雁鴨有五種，分別是小水鴨、花嘴鴨、尖尾鴨、琵嘴鴨和綠頭鴨。

每年九月起，這些雁鴨族群成群結隊南下，有些選擇在花東縱谷的花蓮溪、秀姑巒溪的水域渡冬，有的繼續南下。根據保守估計，在花東縱谷來去的數量，少說該有一、兩萬隻，最多時在一、二月。

雁鴨群並非從早到晚待在稻田，牠們的行徑如越共，出沒的時間多半選在黃昏和天剛亮時，或是月光明亮的晚上，飛進水稻田棲息。稻農們都知道，為害最嚴重的季節，在收成和插秧時。當水稻成熟，雁鴨若成群進入稻穗倒伏的田裡覓食，往往會造成稻穗大量脫落。如果是插秧時，牠們隨意遊走其間；在不停地搖擺、碰撞下，秧苗猶如風吹草偃，甚至整株漂浮。雁鴨群飛到哪裡，那塊田就慘不忍睹。

以前雁鴨未入侵時，每到黃昏，薄暮之光暈染在水田的秧苗時，就是稻農荷鋤回家時。現在不然了，雁鴨群的入侵，打亂了當地稻農的作息時序。夜深以後，稻田位於鬮墾溪岸的農夫們，還得不時到水田旁巡視。

溪岸的水稻田，也經常可見一根細長竹竿高高掛起，吊著雁鴨乾扁的屍體。稻農們用這樣殘忍的風景來示警，但效果依舊有限。

花蓮壽豐鄉以南的水稻田，光是前年第二期稻作和去年第一期，為害面積就高達三千多公頃，損失四千多萬元。

雁鴨類鳥種雖屬於保護類動物，按法理，稻作收成期間，仍可以使用鳥網捕捉。

可是，雁鴨科體型比一般鳥類壯碩，用鳥網捕捉的效益性不高。有些農民曾試著，在稻穀裡摻雜農藥，殺害雁鴨族群，但也告失敗。更何況，這種行徑違反保育動物法令。最後，稻農們只得把為害情形反應給鄉鎮公所、農會與縣府，用民意讓政府傷腦筋。

官方的介入，讓稻農和雁鴨之間的戰爭轉為科技化。花蓮區農業改良場的研究員徐保雄便以科學的方法，根據傳統的稻草人，開發了「新稻草人」，用來驅趕雁鴨。官方也設法引進琳瑯滿目的武器，包括了「雷公炮」、「五彩帶」、「閃光驅鳥器」和「防鳥旗」等。

雷公炮以全自動液化瓦斯加壓，產生音爆。每隔一段時間，自動發生尖銳音爆一次，嚇阻鳥類。

五彩帶一面紫紅亮麗，一面銀光耀眼。置放於稻田時，隨風而起，在各種光源照射下，都會閃閃發光。

閃光驅鳥器利用蓄電機組，用紅黃色回轉燈發出光源。在黝暗的夜空裡，產生驚嚇作用。

防鳥旗最為節省，利用一些防水布條、候選旗幟等布料，插在旗竿上，隨風飄揚。

從去年起，賞鳥人到花東縱谷旅行，水稻田裡便常有這些特殊的景觀。但它們是否有效呢？一場雁鴨和稻農之間的新型戰爭正在展開，勝負殊難預料？許多人都悲觀的認為，很可能是兩敗俱傷。

話說回頭，為什麼以前絕少提及雁鴨為害農作物，最近卻頻頻出現於花東縱谷？到底又是什麼原因，逼得雁鴨們干冒大不諱，飛進過去甚少棲息的水稻田？

這件事必須從雁鴨科原先的棲地談起。秀姑巒溪和花蓮溪河床，原本擁有寬闊的天然腹地和沙洲。這幾年卻被農民占墾為西瓜田。在要求高收成的條件下，瓜農大量使用未經發酵的雞肥當飼料，污染了溪水。另一個常被提到的原因是，農民大量使用農藥，嚴重的破壞了秀姑巒溪的水文生態。更糟的是，水利局的截彎取直、整治河道。相對的，河川的邊際土地，在有效開發的計畫下，雁鴨們每年南下覓尋的沙洲和溼地，逐年顯著減少。棲地環境不易尋獲下，牠們只有更頻繁地進入水稻田。

此外，我還聽說一個大膽的看法，在此也不妨提供給大家聽聽，有人認為雁鴨族群原先是棲息在濁水溪、西螺地區，可能因西部河川污染嚴重，才改遷到沒有污染的東部。

從上述情形明顯看出，雁鴨入侵的原因頗多可能，但無可避免地都指向人為的破壞環境。這種原因也逼使我們不得不深思，除了發明新武器之類短期的補救，還要尋找一個長久的解決之道？

發明武器的徐保雄去年見識到這個危機，提出了關心生態保育人士和賞鳥人比較能夠接受的建議。大致的內容如下：為了減少雁鴨的危害，必須盡快節制對雁鴨渡冬水域區段的開發和墾殖，設法恢復原來的棲地風貌。同時，在適合棲息的流域如花蓮溪米棧段、秀姑巒溪舞鶴萬麗段、安通段加以規劃，成立保育區。

除了規劃保育區，雁鴨與稻農之間的大戰，其實也掀開一個重要的問題。這種明顯地因人為破壞而造成的自然災害，並非是花東縱谷獨有。在西海岸，許多河川溼地不斷遭到開發建設，情形之嚴重遠超過花東縱谷。

我佇立安通火車站，繼續憂心著目前的困境，到底要保護鳥類為要，還是先保護農作？雁鴨和稻農的戰爭正是近來賞鳥人面對的困境之縮影。這一個曖昧而複雜的問題，確實難以清楚地站在一個簡單的立場做任何一方之辯護。做為一個賞鳥人，我必須更審慎地知悉來龍去脈，理解那背後更深層的生態意義。

（一九九五．五）

台東邊緣

南迴鐵路

刻意搭南迴鐵路的火車，由高雄前往台東，想要觀察枋寮至台東的景觀。火車一到東海岸。平坦而冗長的海岸，在陽光下閃著銀白而明亮的暈眩之光。不由得懷想起百年前，英國探險家泰勒和排灣族頭目潘文杰，由此海岸線跋涉，縱走一個星期，前往卑南平原的艱苦情景。

我的旅行似乎過於嬌奢了。因而，大武、太麻里、知本……每一個熟悉的地點，也變得遙遠而陌生。繼續凝結在百年前的歷史裡，還未回到現在！

鯉魚山之旅

在台東新站下車，搭計程車前往市區，遠遠便看到市區裡孤立而清楚的鯉魚山，讓我懷念起台北木柵被城市包圍的小綠山。

鯉魚山是近幾年才全面開放的城中島山區，以前是軍事禁地。隔天清晨五點多，和朋友顧秀賢夫婦去爬這座海拔不過七十公尺多的小山。山裡正播放著韻律操的課程，許多老人隨著音樂起舞。響亮的音樂聲響遍山頭，我必須爬到山頭才聽得見鳥聲。

爬上山頭，印象最深刻的植物是刺裸實、黃連木、正榕、樟樹、銀合歡和相思樹，前面兩種是頗為陌生的南部樹種。

記錄的鳥聲如下：竹雞、黑枕藍鶲、烏頭翁、綠繡眼、紅嘴黑鵯等，我似乎也聽到了粉紅鸚嘴的叫聲。後來，請教當地鳥友廖聖福老師，他提到的鳥種和我類似。但粉紅鸚嘴並未記錄，山紅頭確定沒有，冬天則有鶇科鳥類來棲息。他特別提到，有一隻虎鶇固定棲息於鯉魚山。由此可見，黑枕藍鶲要和其他鳥類組成主要的覓食團體時，恐怕只能選擇綠繡眼了。倒是聽到了，好幾次赤腹松鼠的聲音。

這是一個單調林相的生態島，和其他地區的林子遠遠隔離。嚴重的人群干擾，讓觀察變得困難許多。但它很適合設立自然步道，四處立牌解說，成為一個都市內的森林公園。

大巴六九溪

穿過台東市區的太平溪，目前是台東師院老師劉炯錫長年的自然觀察區。他特別在溪右岸的一棟新大樓買了房子，做為觀察的地點。這是一條典型東海岸的沒口河，水流在下游盡頭消失，在河口形成漂亮的沼澤與泥灘地。最常見的鳥類是紅冠水雞，而沿著河岸的芒草叢，經常有番鵑停棲。

溪裡唯一的一處泥灘地，大約有半個足球場大，像個小型的旅館，只適合少數的過境候鳥休息。黃昏時，那兒停降了一隻黑嘴鷗和赤足鷸，似乎隱隱在印證我的這種看法。這個河岸的天地不大，做為城市的自然步道區相當適合。看著、看著，我突然想編織小而感動人的自然故事，就像三、四十年代一本美國童書《讓路給小鴨》。

作者麥羅基還有一本帶有散文詩風格的少年童書《夏日海灣》。對我們來說，雖然充滿異鄉之味，且過時了些，但依舊充滿我喜愛的恬靜之調。

《讓路給小鴨》在國小六年級時就讀過了，內容描述一支雁鴨家族在波士頓的生活，給予讀者感人而親切的啟示。看到城市裡有一個小而美麗的自然環境，我往往會有一股想要為它寫故事的衝動。

琵琶湖

在台東師範任教已半年的劉炯錫，有一回搭飛機，從空中鳥瞰台東市時，突然發現海岸附近有一連串相當清澈的湖泊。做為一個在地自然觀察者，自己住家附近竟有這麼一個尚未發現的湖泊存在，他大為吃驚。下了飛機後，便開車前往搜尋。後來才知道那兒竟是大部分老台東人都知曉的琵琶湖。以前是個大型的養鴨池。鴨子不養後便荒廢了，成為台東人遊樂休閒的重要去處。

琵琶湖周遭主要是木麻黃的防風林帶，池水和林木連成一線，形成迷人的瑰麗景緻。劉炯錫引導我在湖邊四處走動。木麻黃林下有台北盆地常見的瑪瑙珠、三角葉西番蓮。樟樹、血桐等喬木也生出了。想像著，如果再過三、四十年，沒有人為干擾下，木麻黃無疑會被這些次生林所取代。

經過的落葉層部分，生長著許多淡褐、無環、無托根的明亮小菌菇和樹舌。不同的雨季，木麻黃林的菌菇種類有哪些呢？如果有一長期觀察時間，我想自己可以列出一個很豐富的菌菇週期年表。

木麻黃林裡看來動物種類不多，一些牛糞裡有糞金龜外，看不到有趣的物種。我試著翻撥一棵枯木皮，發現了一隻大蜘蛛，後來確定是高腳蜘蛛。

在不同的位置，聽到了兩次黑枕藍鶲族群的叫聲，研判有兩個族群以上在這兒活動。琵琶湖，對這個愛飛啄洗澡的林鳥而言，算是相當適合的場所。從黑枕藍鶲，再延伸出鳥類覓食團體的棲息，對這個海岸木麻黃林的自然環境，我有了一個大致的圖譜。我知道東海岸沒有山紅頭，和黑枕藍鶲合作的，大概只剩粉紅鸚嘴和綠繡眼了。當然，也可能是尖尾文鳥或斑文鳥之類。

黃頸黑鷺

約莫黃昏時，開車沿著台東市郊靠近山腳的台九乙公路一路搜尋，想要尋找水塘檢視蜻蜓的種類。經過利嘉村不久，公路右邊正好有一個類似攔沙壩的水池，叫做利嘉坑沉沙池，連續如梯田的水池坑，主要用途在阻擋泥沙，隨雨水奔瀉而下。

在那兒停車，我和劉炯錫甫走到沉沙地，突然最後一個沉沙池的角落，竄出了一隻被我們驚起的黑色大鳥。大小若黑冠麻鷺，卻較為瘦長。飛行時，牠攤開全身黑色的翅膀，且伸出瘦長的頸部，頸下為明顯的暗棕色（劉炯錫認為是棕色）。就在我驚訝地張口愣住，不知如何稱呼時，牠已迅速地飛入對岸的隱密灌叢裡，一如黃小鷺、栗小鷺一屬。

牠的體型一看即可辨識，是隻鷺科鳥類，但飛行那一霎那，明顯的不是一般常見的鷺科，翻開圖鑑，清楚地告知是一隻罕見的黃頸黑鷺雄鳥。

我們走下去，觀察那沉沙坑。這個三邊砌有高大水泥壁的凹型沉沙池，相當陰暗而潮溼，旁邊因淤積而生長著稀疏的雜草。池裡正有兩、三隻黃紉蜻蜓雄蜓，在沉沙坑梭巡。還有一群黑眶蟾蜍的幼蛙，正集聚在淺水灘，準備離開水域。黃頸黑鷺未再出現。

隔天清晨，再邀朋友前往探看，結果落空而返。只看到幾隻喜愛陽光下活動的紫紅蜻蜓徘徊，但是牠的身影繼續浮現在我未竟的旅程。賞鳥就是常有這種苦澀的美好失落。

（一九九五・六）

東海岸紀行

賞鳥義工

許久未參加自然團體活動。大兒子奉一就讀的大班幼稚園，剛巧有一星期的春假。於是決定帶他去參加鳥會辦的，三天兩夜的花東之旅。以前都是我教他認識自然，這回決定讓他和其他小孩一起接受別人的教導。

去年，龍應台在我推介下，參加過這一路線的遊程。行前非常擔心，會跟她參加的一樣，好像國內阿公、阿媽的採購旅行，把現階段台灣人旅行裡常被詬病的旅遊品質，全部給展現出來。

我將這個隱憂毫不忌諱地告訴了領隊林茂馨。這位長得有點像隻過度臃腫貓頭鷹的負責人聽到了，仍然像白天還在打盹的模樣，只是說了一句：「怎麼會這樣子？

看我的！」

我看他依舊睡眼惺忪，懷疑只是隨便應付的話。等他在遊覽車上放了第一卷錄影帶，韋瓦第的古典音樂配合鳥類的畫面，不是常見的豬哥亮訪問秀時，我那顆懸在半空忐忑不安的心，才安了下去。三天裡，這位睡覺和我一樣鼾聲如雷的領隊——一定是最晚進房睡覺的，非常有心地希望鳥會的自然生態之旅，不只是觀察鳥類而已。

另一位帶隊的解說員，台北華江國小的陳重義老師，生物知識博古通今。一路上，他熱心而殷勤地解說著現場的自然環境。我彷彿看到一位中古世紀的宣教士，汲汲奔走於朝聖之路途。假如講的不是自然知識，我真懷疑其他人會不會把他視同於托缽之苦行僧。

他講述的內容，上自恐龍時代地球的演變，下及台灣島地理的形成。小則生物世界的博觀，大至自然生態的種種保育意義，非常適合那些準備當博物學者型的小學生。我這個自詡為老鳥的觀察者，筆記本裡竟也記錄了許多他敘述的內容。

領隊的人都是鳥會義工，三天兩夜不支領任何報酬，義務地為有心參加這趟自然之旅的朋友服務。這樣不算短的長途旅行，解說員不只要保持高度的熱忱。就像另一位解說的鳥友陳雅惠一樣，永遠要保持健康的笑容，那種笑不是導遊小姐的工作性質，而是一種對參與工作的喜愛，發之於內心的自然喜悅。

宜蘭五十二甲

連綿的冷雨中，今春第一期稻作的秧苗，已經沿著公路旁的水田，整齊而有序地插種了一段時候。整個盆地的感覺讓我想起不久前，自己在人間副刊策畫的一個專輯〈老宜蘭〉，為了取一個好的總題，我想了四、五天，思考它的歷史和文化，以及封閉的地理環境，最後以「美麗小世界」稱之。同事們都很喜歡這個不落俗套，又十分貼切的名字。

家燕群在青綠的稻草之上，翻飛、梭巡，追捕著棲息在水田間細小的蚊蚋，這時節，整個東海岸的水田，都出現這種自然場景。看著車窗外的水田，更擁有這份「美麗小世界」的親切感。

除了水田，到處都有魚塭養殖區出現。魚塭意味著，這兒依舊是地下水抽得十分嚴重的地帶。這些魚塭偶爾也會有小鷿鷈棲息其間，甚至帶著冬末剛剛出生的幼鳥出來覓食。

經過塭底時，我們還發現了大群棲息在水田裡的鷸科水鳥。秧苗才插種不久，稻田依然浮映著大片水光，裡面會是什麼鳥種呢？在北部，有經驗的賞鳥人多半會猜是鷹斑鷸，或者是田鷸。我們見到的卻是高蹺鴴，而且有二十五隻。露出粉紅色高瘦的長腳，彷彿踮著腳尖，和一群大、中、小白鷺在水田裡覓食。

一起前來的都是初次賞鳥的朋友，而且都住在北部。縱使關渡沼澤區依舊保持原貌，一次要看到這麼多高蹺鴴的機率都十分低微。除了台南四草的繁殖區，我也是第一次見到這麼多高蹺鴴一起出現。在解說員的敘述下，一群小朋友激動地喊著：

「真漂亮！」

是的，牠們是這一科水鳥裡最漂亮的一種。黑白相間的身子，搭配著綠色的秧苗，時隱時現，勢必會是他們這輩子賞鳥裡最深刻的記憶之一。就像我，永遠記得牠們出現於春天的關渡沼澤區，擺弄著婀娜的身姿，在及背的稻子間，閃動著黑白交錯的身影。

在這個面對著龜山島和太平洋的小盆地裡，我忍不住充當臨時解說員，向他們介紹了烏秋和棕背伯勞所代表的意義。牠們分別是噶瑪蘭平埔族人生活裡的報時鳥和占卜鳥。會成為生活作息相關的鳥種，一定是經常可見的鳥種了。台灣特有亞種烏秋，台灣各地都容易發現，自不用說。棕背伯勞卻是這兒最常見的鳥種之一，倒是值得思索了。為此，我特別問過宜蘭鳥友，為何棕背伯勞特別多？他也說不上來。

過了紅色的利澤簡橋，兩百多公尺，一個轉彎就是宜蘭保育界的傷心地，五十二甲沼澤區。昨天來前便聽鳥友說過，有五隻濱鳧過境。早上牠們依舊在沼澤裡，等候著我們的到來。

牠們和一群尚未北返的雁鴨科，集聚在蘆葦叢前的廣闊沼澤。飽滿的鵝黃色澤，泛著準備遷徙的油脂之光。

沿著鋪上柏油路的公路賞鳥，正巧遇見了附近利澤國小舉辦「親子賞鳥活動」。老師們發了一份小學生做的鳥類調查報告，裡面羅列了最近五十二甲全年度的鳥類狀況。從報告裡確知，這個調查是從去年七月開始進行到今天，才起步半年多。在新一代地方賞鳥人慢慢成長的過程裡，五十二甲來得及等到他們長大嗎？

這個位於冬山河畔的珍貴溼地，正面臨著比關渡更加惡劣的環境。嚴重的廢土傾倒，以及環境污染依舊持續，已經讓它剩下沒多少甲了。假如他們的鳥類調查持續下去，利澤國小的小學生們將是這個沼澤逐漸邁向滅亡的見證者。

花蓮溪口

下午抵達花蓮溪口，正好遇到海風灌進。

站在海邊開闊的石礫環境，遠眺著灰樸樸的泥質灘地，一群鷗科海鳥和鷸科的水鳥正在覓食，或者逆著風，困難而侷促地朝外海飛去。早上無風時，在地的花蓮鳥友孫琮璸記錄過裡海燕鷗、紅嘴鷗等較少見的燕鷗科。

這位母親經常帶三個孩子出來野外。過去，花蓮溪河口尚未有人做過有系統的調查。她已經來此半年多，每次還帶著五百鏡頭的相機。筆記本裡，除了鳥以外，還記錄了海邊的植物、昆蟲和貝類。在前往海邊的路上，我覺得植物並不多，只記錄了番杏、羊蹄、野莧、馬鞍藤和蟛蜞菊等常見的海濱植物。

最近在台北鳥會的冠羽會刊，孫琮璸發表了好幾篇地區性的觀察紀事。我對這位住在邊遠地區家庭主婦的自然觀察心得，充滿高度的好奇。她一直在努力，朝親子教育和自然教室的方向，摸索著觀察的內容。一位家庭主婦利用閒暇，在定點位置長期記錄，對其他媽媽勢必有所啟發。

她跟我們描述，在花蓮溪口曾記錄過七隻小水鴨，無緣無故橫屍溪邊，猜想與溪水污染有關。花蓮溪上游有三個污染源，分別是中華紙漿廠、光華工業區，以及吉安的垃圾掩埋場。

在她觀察地點不遠處，接近海灘的石礫地，有十來間零落散置的帆布蓬屋。這些臨時簡陋房舍，是來這兒撈捕鰻苗的阿美族人搭蓋的。它們已成為花蓮溪口季節性的景觀之一。白天時，阿美族人到城裡打工，晚上再到海邊作業。裡面都只有一、兩張簡單的睡舖和廚具，最多還有一、兩件破舊毛毯。

春天了，鰻苗繼續往北移，阿美族人大概也要暫時離開海邊，明年春節左右才回來，和鰻苗有約。只有她，繼續在河口。

紅葉溫泉旅社

上一回來紅葉溫泉，大約在十年前夏天，和一群媒體朋友被邀請來秀姑巒溪泛舟。記得主辦單位還邀請了當紅的歌仔戲名旦楊麗花前往，做為泛舟觀光的宣傳。這是一個背後有著財團投資，試圖發展休閒旅遊的長遠計畫。國人對這條可以泛舟之溪的認識，就是從那時才開始。在自然生態意識懵懂的年代裡，沒有多少人會注意到它和環境的互動問題，現在從生態環境的角度盱衡，無疑是一個可怕的開始。

昨晚不斷落雨，無法到林子外圍尋找貓頭鷹。所幸蛙聲大鳴，於是持手電筒，帶孩子就近於旅社附近的排水溝，尋找蛙類。

一條不到十公尺的小小排水溝裡，拉都希氏赤蛙、日本樹蛙，各有二十來隻之多，數量相當密集而驚人。

拉都希氏赤蛙聲音微弱，我在北部不時可聞，習以為常。日本樹蛙不若前者體型雄壯，不過兩、三公分大的體型，鳴聲卻連續不歇，而且宏亮甚多，大概是生活在溪邊，不得不如此大叫，藉以吸引雌蛙。兩種聲音都不容易用文字精確描述。後來，白頜樹蛙也鳴叫了，聲音如用手大力拍打樹葉。更遠的暗叢，還有黑眶蟾蜍略帶點空曠、寂寥之鳴叫。在北部的郊區，現在是澤蛙到處大鳴時，我卻只聽到了單獨的鳴叫。

隔日清晨，雨勢未歇，站在日治時代的木窗口，懷念那些曾來過此地採集的昆蟲學者。杜鵑花叢上，不少蛛網結於葉間。沿著木板走廊的窗口檢視，最先注意到，腹部兩端有明顯刺棘的乳頭棘蜘，一如我過去的疑惑，牠們有結立體網的，但也有和圖鑑一樣編成圓形網。結立體網的姬蜘，則到處可見。

隨即，我看到了一隻掛著圓形網的棘蜘科蜘蛛，全身乳黃，比乳頭棘蜘的腹部更寬，棘刺也更加細長。後來查對圖鑑，原來是大名鼎鼎的曹德氏棘蜘。就不知牠和乳頭棘蜘之間的分布差異何在？我忘了觀察，牠的蛛網色澤是否比較黃？這種棘蜘的生活範圍可能是較為偏南的山區吧？我尚未在北部記錄過。

最有趣的是，在蘇鐵上發現了一個造形奇特的蛛網。它先是一個立體網，而靠葉子的支持處，有另一個細密如水晶球樣的球形網，大小如蛋，包圍於立體網裡。水晶球網裡還有一葉片似雜物，修築這精妙居家的主人就小隱於此。我捉了一隻觀察，長相如鬼蜘屬。但鬼蜘一屬的家族成員都是以結圓網出名，哪兒來的立體網家族呢？這隻的屬種之謎便懸在那兒，一如那立體網裡的水晶球，繼續迷惑著我。後來，我確知水晶球是巢卵之地，帶牠回家飼養後，生了上百隻小蜘蛛。

雨停後，走到前面的廣場鳥瞰，和十年前一樣，那旅社的樣子沒什麼更改，但四周的環境變遷甚大，除了旅社後還保有一片原始林，放眼望去，滿山坡盡是桂竹和檳榔。大概就是這種林相吧，也或許是陰雨天，早晨站在旅社前的台地觀望，竟有著毫不足觀之沮喪。

我試著考兩個小朋友一個問題：「吃過荔枝嗎？」

他們點頭。

「龍眼呢？」

他們也點頭。

「那麼前面這十幾棵樹是龍眼，還是荔枝？」

我指著紅葉溫泉庭院的十幾棵大果樹。十年前來，它們就站在那兒了。

他們都吃過這兩種水果，但這個問題對他們可真是個難題。摘了葉子仔細鑑定，猜了半天，還是無法確定。

「龍眼的葉子是先端鈍的，荔枝是尖的？」有一個小朋友提出了尖銳的問題。

「用這種方式鑑定還是不太保險，最好是能以整片枝葉來鑑定。這兩種樹都是羽狀複葉，但你們知道什麼是羽狀複葉嗎？」我續追問。

「像羽毛的樣子？」另一個小朋友說。

「對，但是一根葉莖上，龍眼有四、五對小葉，荔枝卻只有兩、三對。」

小朋友們點點頭，就不知道這樣解釋是否真的懂了。我和小朋友之間的自然語言，仍不夠暢通，必須變得活潑一點。

瑞港公路

對台灣的觀光客而言，東部河流裡最有名的兩條，大概是冬山河與秀姑巒溪了。現在冬山河的知名度遠勝秀姑巒溪，秀姑巒溪感覺像是條熱鬧於八〇年代的溪流。在不同的年代，兩條溪因了自然生態意識興起，遭受不同的認識。秀姑巒溪是觀光休閒之溪，很少人去苛責泛舟對自然環境的破壞。冬山河卻背負著自然生態保育的責任，被極度嚴苛的檢驗。

沿瑞穗到大港口的山間公路旅行，一整片山谷裡的熱帶雨林，就在瑞港公路旁出現。面對這片蓊鬱的林相，突然間想起西雙版納更為濃鬱蒼翠的熱帶雨林。那片雨林也在現代公路旁，不時有車輛呼嘯而過。隔了五、六千公里，它們的面貌雖不盡相似，可是只因一個「原始」，我卻把它們拉近了，彷彿是我的左右心房。兩種不同的聲音，傳遞著相似的節奏。怎奈，隔了一個山頭，就是觀光化的秀姑巒溪。因為有這樣的認知，心情也相當錯綜，像是走在叢林與文明世界的邊境上。

台灣莢迷、大葉溲疏、華八仙，這些春天時的白花族群正忙著開花，再過一陣換成油桐花盛開，屆時大部分昆蟲都會集聚那兒。

短短不到一個小時的賞鳥路程，遇見了三支台灣獼猴群。在中途一處歇腳，觀賞其中一支獼猴家族的棲息。當賞鳥人爭著目睹獼猴舉手投足的肢體語言。我的孩子終於也學會，從單筒望遠鏡觀看其他動物。快六歲的他，從望遠鏡的世界看到外面的生物，第一種便是台灣獼猴。他看到了獼猴爬樹、獼猴睡覺、獼猴搔癢……接著是大冠鷲的佇立。

當他歪著小嘴，擠眉弄眼，努力地從單筒望遠鏡看出去。身為一個父親，帶他在野外觀察三、四年了，應該沒其他事，比這個更讓我滿意的。

林子裡有各種林鳥的複雜鳴叫，台灣獼猴也發出了「果、果、果」聲。起初，他告訴我：「小鳥吵得貓頭鷹不能睡覺。」

接著又說：「現在，小鳥叫台灣獼猴不要吵。」

安通溫泉

要進入安通溫泉的山路前，一定會經過路口廢棄的安通火車站。

當時設立這個火車站的原因，猜想一定和安通越嶺路的存在有關。就不知它的廢棄是否和安通越嶺路的消失有直接關係？

走進去觀察，這個車站仍舊保持非常新穎，售票口牆上還懸掛著車站時刻表，顯見廢棄的年代不遠。

遊覽車駛入前往安通溫泉的小路時，想到三年前曾經來此，探勘清朝時的紅座古道，且下榻過素樸的安通溫泉旅館，忍不住充當嚮導，介紹這間別具風味的日式溫泉旅社，以及旁邊的男湯女湯。我正介紹得口沫橫飛，車子已抵達。眼前赫然出現一棟現代的四樓飯店，以及一家餐廳。不斷出入旅館的遊客，以及轟隆的汽機車聲正踐踏著我的歷史記憶。坐落在安通越嶺道邊的日式旅館還在，只是低矮而孤伶伶地傍在大樹旁。往昔僕僕風塵的旅人們，都已隨著古道的消失，杳然遠去。

下午，沿著紅座溪旁的安通越嶺路舊路走了一段。路邊較讓我有興趣的是通草、桂竹、長穗木、銀合歡、台灣光桐以及開花的台灣百合。

通草是早年的造紙植物，現在已經不易在北部盆地發現。用途廣泛的桂竹，乃此地農家大量栽植的重要竹類。盛開紫花的長穗木出現，意味著這兒已近熱帶區域。銀合歡則是河邊乾旱地，最容易出現的代表性樹種。

四年前來此探勘紅蓙古道時，對這兒的植物尚未培養出充分的解讀能力。現在看來，這些植物或者其他種類，都無法提供任何有力的證據，讓我找到新的線索，支持古道曾經過這裡。但古道真的經過這兒，地形如此變遷，這些植物的存在反而證明了，它已被拓寬。

朱鸝和一群林鳥，沿著路邊的樹林安靜覓食。有點像過去的觀察情形，朱鸝扮演著群鳥覓食團體裡的王者，總有許多林鳥伴護。但這是賞鳥人過度美化的想像，事實恐非如此，牠只是這個覓食集體的成員之一。

在白環鸚嘴鵯、烏頭翁的鳴叫聲裡，有一種高山闊葉林較常棲息的鳥種，竟然也在這個低海拔的山谷出現了。牠是橿鳥，我已許久未見。橿鳥讓我懷念起揹著大背包，走在中高海拔稜線的旅行。這隻橿鳥的羽翼，恍若也負載了三十公斤的包裹，美麗而沉重。

這條路的稜線，種滿了檳榔樹，顯見整個山區已經開發得差不多。一直到山頂，都還有農家的桂竹和果樹。

晚上，我帶了手電筒，準備到林子裡尋找夜行性動物，其他人也跟著。我們再沿著白天時走過的越嶺路探勘，路旁有一條幾乎乾枯的小水溝。或許是雨停了好一陣，蛙類不多，只聽到一回白頜樹蛙的聲音，遠方則有斯文豪氏蛙，斷續的鳴叫。

照理說，應該是螢火蟲出來的季節了，結果只勉強在草叢裡看到一隻，微弱地一閃一爍。後來，又陸續看到幾隻。

不久，有人說聽到貓頭鷹鳴叫。我停下腳步，仔細聆聽。紅蓙溪邊的對岸山頭，依稀傳來「波、波、波—波、波」的叫聲。

「是不是黃嘴角鴞？」有人問道。

我猛力搖頭。這聲音太熟悉了，

絕不是黃嘴角鴞。是黑冠麻鷺！我低聲驚呼。

「黑冠麻鷺？」其他有過賞鳥經驗的人都愣住了。有人過去也聽過，還以為是貓頭鷹的叫聲呢！

「沒錯，我兒子三歲時，就在家窗口聽過了。」我跟其他人說，早知道應該叫他起來聽看看，可惜白天玩得太累了。今年春天，他還未聽到呢！

在黑冠麻鷺鳴聲的陪伴下，我們折返頭，朝安通社區的方向前去，那兒還有一條通往山區的山路。

半途，有人用手電筒照樹，尋找飛鼠。意外地，發現了一隻全身有著老虎斑紋似的虎鶇，停棲在枝幹上睡覺。這隻可憐的虎鶇，被十幾支手電筒集聚的燈光照得傻在原地，就像其他林鳥一樣，久久無法動彈。晚上，林鳥因視野不佳，往往僵硬呆立。這是許多不法的獵人捕捉林鳥和猛禽的方式。

清晨，大概有三、四隻畫眉在對面山坡叫著。這種聰明的鳥類，竟然學竹雞的叫聲——雖然聲音不怎麼完整。後來，有一隻還學了頭烏線的鳴叫，尾音總是少了一、兩個。畫眉果真是模仿的鳴叫高手，我在紅葳溪邊聽得捧腹大笑。

當年經過安通越嶺路的旅人們，一早從這兒出發前往東海岸，初聞這種婉轉而多變化的迷人叫聲，恐怕也有這種美麗的錯聽吧。我又陷入過往的歷史愁緒裡，在旁邊坐得發慌的孩子，吵著要出發。等到他聽得懂畫眉的叫聲時，自己恐怕也是古道上消失的旅人吧！

和平火車站

回頭便是高聳插雲的大山。

但再仔細看，半山腰一大片被挖得滿目瘡痍的山壁。那是台灣水泥公司的傑作。山腳下則是一棟巨大的工廠，以及運輸管龐然地橫陳在草原之上，成為這兒最大的路標。

據說這兒將成為水泥專業區，這樣的大型工廠將林立和平溪兩岸。

對大部分賞鳥人和自然觀察者而言，來到和平車站沒有別的，主要就是來拜訪西海岸難以發現的環頸雉。對內陸的景觀，只能盡量視而不見，以免掃了旅遊的興緻。

站在和平火車站的月台，遠眺海的方向，木麻黃和林投防護下的草原，像一張攤開一半的綠色草蓆，一覽無遺。

越過了鐵道，有一條賞鳥人特別走出的小徑，連接草原的石子路。整個草原的林相相當單純，印象深刻的植物就是白茅、葎草、五節芒、草海桐、茵陳蒿、馬鞍藤等。光是看到這份名單，野外經驗豐富的植物學者不難想像，這樣的草原擁有全台灣最遼闊的枯乾與荒涼。

走下草坡時，看到一隻薄翅蜻蜓在天空梭巡。還來不及思索，牠便消失。這是此趟花東旅行三天中唯一記錄的蜻蜓。每年春天牠們是最早出來巡行的蜻蜓之一。

在石子路上，看似弱不禁風的茵陳蒿，最先引起我的注意。它們沿著路邊，以鮮綠而細瘦的形狀，活絡地生長著。很難理解這樣的植物會是這個荒地的優勢植物

之一。更教人稱奇的，開著淡紫色的列當，還顫巍巍的自綠色之海裡，詭異地挺出，形成鮮艷而強烈的對比。

但這個對比之後的生態，卻是個殘酷的競爭故事。原來，列當是一種寄生性植物，茵陳蒿則是被寄生的母體。凡有茵陳蒿處，便有列當存在。它偏好吸取茵陳蒿的養分，讓自己長得更加肥美、壯碩。

沿著中間的石子小路信行，走沒多久，發現一種長得像相思樹的葉子。摘了一片搓揉，具有紙質感，富黏性。記不得是什麼植物，卻又頗為熟悉。後來，特別問陳重義老師，他說是車桑子。

老天！我驚叫道：「這種無患子科，在北部已不易發現了呢！」

「福隆海濱還有不少，在雙溪河口附近常見。」陳重義老師再補充。他的敘述，讓我對這種植物更充滿研究的興趣。

我對它的感情來自另一位自然觀察者陳健一的描述，他和植物學者陳建志曾在軍艦岩和大湖公園的後山遇見，海邊的植物為何會在山上記錄？他們有一台北盆地地理變遷的有趣討論。回家後，跟陳健一聯絡，提到這種不易發現的原生物種。劉棠瑞的《植物學》裡，特別將和平車站視為這種植物在台灣的主要生長區域。

時間是下午三時半，一路上，我一直期待遇見環頸雉。但對牠而言，現在會不會太早出來覓食？荒涼的草原上，不斷有錦鴝發出「滋！滋！滋！」不斷往上飛，接著「滋者！滋者！」地叫。沒有環頸雉時，連錦鴝的叫聲都變得珍貴了。

一些木麻黃的雄蕊正在開花。你知道它是從哪裡開花嗎？是從針狀的葉尖冒出，大約兩、三公分的雄蕊，由紫白變褐黃，甚是奇巧。

走回車站時，發現了開著淡黃色小花的旋花科植物。它是我首次遇見的姬牽牛，還未在北部發現過，據說南部很多。

一路上盡是荒涼的草稈搖曳，領隊焦急地嘀咕，如果未見到環頸雉，如何向沼沼從台北趕來觀察的賞鳥朋友交代呢？

經過一處枕木堆，他不甘心地站上去，再度回望遠處的草坡，赫然發現一隻大鳥，自高大的草叢裡伸出色彩鮮艷的脖子。他彷彿自千年大夢中驚醒，激動地喃念著，「環頸雉！」

我可以理解這種想大喊，又不得不低聲的興奮心情。這隻晚到的環頸雉，像是最後的高音，把一首交響樂的最終拉拔到一個清亮的高度，為這趟旅行畫下精彩的休止符。說得嚴重一些，彷彿整趟生態旅行就是靠牠來謝幕，才有一美麗的結束。

眾人也紛紛站到廢棄的枕木堆上，遠遠地眺望著草坡，不斷地看著環頸雉。只見牠自隱密的草叢拉長脖子，探頭，向四周瞭望，再埋頭到土裡啄食，一副幽然自得。

如果你看到一隻環頸雉，表示這個草原至少有五隻！不知道這是誰的理論，許多有經驗的賞鳥人都用這個說法，估算野外罕見的哺乳類和鳥類。從這個理論推算，包括先前有人已發現匆匆一瞥而過的身影。這兒的環頸雉大概有十隻左右吧！

環頸雉生活的地方，多半以海邊低地的草原為主，這種地方在西海岸多半已開發成工業區，或新興的都市城鎮，連高雄縣附近的鳳梨山，早年的雉雞獵場，現在都難以發現。而東海岸的花東縱谷，從過去的歷史文獻可知，向來就是環頸雉棲息的大場域。

目前所知，台灣三種雉科裡，除了高海拔的帝雉和海拔略低的藍腹鷴外，就屬環頸雉面臨最大的危機。如今要看到環頸雉，恐怕也得到東海岸才有可能。除了花東縱谷，和平也是重要的觀察區域。來此賞鳥的人幾乎都是銜著牠而來，但能否遇見，真是要靠運氣。有些人來一整天，未見著半個身影。可也有看了一整天，坐上了火車要北返時，才從窗口看到。為了目睹環頸雉，和平車站後的這塊不毛之草原，彷彿是賞鳥人必歇之站。

後來探問以前常來此觀察的吳永華，最高的紀錄達四隻。他的一些賽鴿朋友清晨來此繫放時，也看到不少隻，在和平溪對岸的漢本出現。

（一九九五・四）

Chapter 6

離島素描

浪潮愈來愈強，
每一股的漲潮都帶著更大的力量，
遠離島，
回到底層的海洋去。

現在是退潮，
有一致命的召喚在那裡呼喚著我……

菊島旅行記

行道樹

一出機場，前往馬公的路上，一路都是代表性的行道樹華北檉柳。此一檉柳長相和木麻黃近似，但遠看近觀都秀氣許多。這是澎湖過去栽植成功，到處自生的外來種防風林之一。其他較為有特色的植物還包括仙人掌、木麻黃、龍舌蘭、銀合歡，都是海岸樹種。

台灣海岸常見的民俗植物黃槿並不多，漁翁島上有一個地方叫大粿葉。粿葉是黃槿的俗稱，可能那兒生長頗密集。在一些咕咾石老屋裡，或者新的公寓庭院，比較能看到一些本島可見的景觀樹，包括了小葉南洋杉、台灣欒樹、番石榴等。最常見的藤類則是稜角絲瓜。

小葉南洋杉最近也試著在主要的道路兩旁栽植。據說以前試種過蒲葵，並未成功。早先栽種的幾乎都被嚴厲的東北季風吹死，活著的也只是苟延殘喘的形容。車子駛在左右各雙線道的馬路，寬敞而舒服。但我不免狐疑，「馬公需要這樣寬的路嗎？」

旁邊，一位從高雄來的友人毫不思索地搶答道，「觀光客需要！」

馬公一瞥

到澎湖旅行，要離開馬公，才能認識真正的澎湖，而且最好是到各個離島，認識的會愈加完整。

往返台北的密集航空班機，將馬公拉近了和現代都會的距離。殘酷地說，它只是一個台北旁的衛星小鎮，是一個海上的永和或中和。這是馬公最大的悲哀和矛盾。它並未因位於偏遠的離島，出現特殊的城鎮風格。過去或許有，但隨著與本島的聯絡愈方便時，快速地在一、二十年間喪失了某一海洋特質。

在馬公市區裡，到處可看見類似台北街道的風格餐廳、休閒場所，以及名牌的服飾店。甚至，青少年的打扮、外表和流行語彙，都和台北街頭的青少年沒什麼兩樣。

各地村子的國小學生，多半不在當地小學讀書，都想辦法送到馬公鎮的小學。一所市區小學往往有四、五十個人之多，和台北的小學已經可抗衡了。

但是地方小，大家都認識，犯罪率並不高，這是唯一值得欣慰的事。

地方創作者

在文化中心服務的詩人林佳彬，初次認識，隨即影印了一份詩作送我，赫然是自己十九歲在青年戰士報《詩隊伍》的少作。林佳彬自己也在當期發表了好幾首。但這已是二十多年前的舊事了，年少迄今，自己寫過不下三、四百首的詩了，怎麼會記得這一首呢？更何況，這幾年詩創作已呈半停頓狀態。

一邊讀著，不覺臉紅，卻也對林佳彬的記憶感到吃驚。沒想到，他竟然還清楚記得往事。昨晚和綽號老頭的友人聊天、欣賞他的畫作時，對他系列有關童年遊戲的畫作也有著相似的訝異。年紀跟我相仿的離島人，怎麼都有如此縝密的記憶，深刻地將過去的細瑣事物，鉅細靡遺地表現出來。

我猜想，大概是澎湖生活較為單純而悠閒，他們很容易將精神專注在創作，以及整理過往的回憶吧？我在台北時，卻不斷被新的事物吸引、沖刷，儘管創作不懈，卻無法好整以暇地回憶，以及，緩慢地沉澱。

山水社區

我問老頭為何遠離台北？他簡單地表示，厭倦了台北的都市生活。有一回，前來澎湖旅居，愛上了這裡的海灘，遂決定住下來。老頭以前是青年國家游泳隊的選手。到了觀光淡季，這兒的海灘就屬他一個人。每晚帶著一隻體型壯碩如狼的大狗阿呆，到海水浮潛、遊戲。

一如澎湖其他環境，這裡是一個民風保守的小村。七年前，老頭初次從台北來到山水社區居住，當地人採取的是一種敵視態度，沒有人理睬他。兩、三年後，才接受了這位來自遠方的陌生人。不過，也是點頭之交。慢慢地，他主動地參與了許多社區的工作之後，村民才和他熟了起來。

老頭的情況反映了地方上不容易接受外來者的性格。在其他村落的小鎮上，我也看到了基督教的教堂，但它在這兒宣揚教義的成效，遠不如本島落後的山區，有一原因便在此。

所有咕咾石村落裡，最大最漂亮最寬闊的建築永遠是廟宇，庇佑他們出海捕魚作業。廟宇的力量和財勢也遠大於村長。

走在村子裡，看到的多半是老人和婦孺、孩童。年輕人多半到台灣工作，努力打拚，賺錢回來蓋房子，光耀門楣。島上各個村落裡，房子蓋得漂亮，類似台灣公寓大樓或別墅樣式的，那往往意味著，這一家的年輕人在台灣有了傑出的成就。

在漁翁島的內垵村，各種形式漂亮的公寓特別多，原來這個村子的小孩特別會讀書，日後在台灣多有成就。在外垵村，公寓大樓也不少，但是形式和顏色接近，不若內垵村的繁雜。原來這個小漁村是靠走私起家、致富。全島皆知，這種一起進行犯法的工作，讓整個村子形成比較團結的內聚力，並且呈現於房子的樣式上。山水社區初始會對老頭產生敵意，恐怕也有這個疑慮。

小燕鷗

豬母落水山位於山水社區的海岸邊，地勢稍高下，成為當地的軍事碉堡。為何取這個名字？據說是靠山腳的地方有一個洞。海水進去時，會發出呼嚕聲。當地文化人喜歡以海拔幾千公分，形容自己的山頭。像這座山大約就有四千多公分高。而整個澎湖縣，最高的山頭也不過五千多公分高。

清晨時，我在豬母落水山山腳的沙灘潛行，試圖尋找昨天發現的小燕鷗巢位。昨天，一隻小燕鷗在沙灘上築巢，生了兩顆蛋，成鳥也在孵蛋。由於我們人多，小燕鷗在天空不斷鳴叫示警。後來，看到一隻停降，於是迅速找到了巢位。

隔天一大早，接近巢區還不到二十公尺處，我遭到小燕鷗從天空而降的攻擊。牠們大概看到我只有一人，膽子也放大了。有一隻不斷地從正前方飛降，從我眼前掠過。最接近我時，大約只有一尺的位置，害我嚇了一跳。

等我接近剩下一公尺時，牠們反而不再攻擊，但是繼續在附近的天空飛繞。我發現昨天的兩顆蛋已經被成鳥挪動。原本是在一個小沙坑，這次刻意搬到一個鋁鐵罐和兩處石頭之間，偽裝得維妙維肖。

觀察沒一分鐘，迅速離去。成鳥看我遠離，振翅回來孵蛋。

東方環頸鴴

東方環頸鴴是我八年前第一部動物小說《風鳥皮諾查》的主角。牠們喜歡棲息的海岸有兩種：石礫地和沙岸。前者較為賞鳥人熟悉，沙岸較少人觀察。這次到澎湖，意外的有機會，再次拜訪這樣的沙丘環境。

它位於山水海岸。夏日之夜，這兒也是綠蠵龜喜歡爬上岸產卵的所在。

昨天下午時，我們一群人經過長滿馬鞍藤的沙丘，發現了一對東方環頸鴴，站在堤岸鳴叫，離我們不遠。那聲音讓我敏感到，這是警戒之聲，附近一定有巢，或者小鳥出生。

隨即，我們就發現了一隻幼鳥潛伏於草叢裡。

記住位置後，隔天清晨，再次單獨前往，卻未發現幼鳥。我等了一陣，發現一對成鳥停降前面的泥地，面對著草叢。猜想，幼鳥八成是躲在草叢裡。於是，坐下來等待。一邊想著，牠們是一胎平均三個蛋。昨天看到一隻，其他的兩隻呢？會不會未成功孵化，還是遭遇不幸？

正研判時，一隻幼鳥快速衝出來，跑到成鳥前，向成鳥索食。隨即，在裸露的沙地奔跑。牠像個跑百米的選手，不斷地往前衝。成鳥似乎跑不過牠。有一隻成鳥乾脆拍翅，飛到牠前面引領，另一隻殿後。不久，牠們來到一條淺灘似的污濁小溪。成鳥飛過溪去。在溪對岸等待。幼鳥不知哪來的認知，依舊用走的，或者是用游的（淺灘甚淺），涉過了溪岸，繼續奔跑向前。我卻被阻擋在溪的這一邊，不得不和牠們告別。

昨天，還發生了一件不幸的插曲。一位朋友經過沙岸，不小心踩破了鳥蛋，蛋黃四溢。我們離去後，東方環頸鴴回來，將蛋殼逐一銜走，丟到不遠處。這個動作

東方環頸鴴幼鳥

相當戲劇性，卻不知真正用意為何？

綠蠵龜

夜深時，繼續回到山水村的沙灘靜坐，海洋的廣闊和無垠更增添了神祕力量的巨大。無人的黃金沙灘，只剩暗鬱的色澤。浪潮帶著深沉的沖刷聲音，一遍又一遍地撫觸著，在我荒涼的胸臆深處起落。

白天時，我走過這裡，發覺沙灘表層的沙粒特別粗大而圓。我坐著時，仍能隱隱感覺，這種肥碩而圓滾的樣子，彷彿意味著這裡是一個豐腴的沙岸。

暗黑的周遭，也有一種奇妙的東西正在召喚我。那是浪潮的去來，恍若早年的海軍情懷。我終不免起身，踩過潮汐線，走入潮水。讓潮水浸打著我的身體和衣褲，感覺一種暑夏和個人時間的冷涼。浪潮愈來愈強，每一股浪潮都帶著更大的力量，深沉地往後退，遠離島，回到最底層的海洋去。現在是退潮，彷彿有一致命的召喚在那裡呼喚著我。我感知著死亡的威脅也愈大。如果這樣一直走下去，或許就是一了百了，生命裡什麼煩惱都能解決。但是水才及腰部，就停止了前進。一個自信飽滿對社會充滿期待的人，總是缺少頹敗的勇氣，也不太願意為這種虛無付出過多的情緒。

就在這個退潮的夜晚，不遠處，一隻綠蠵龜母龜爬上岸了。如思想的具體、成熟，和終於浮現。

這裡是著名的綠蠵龜產地，去年才發現過一回。這隻母龜經過了神祕的長年大洋旅行，回到了山水的海灘。當我走向潮水，感知死亡的陰影彼時，她正緩緩地爬上岸，爬向內陸的馬鞍藤草坡，準備在那附近的沙地挖坑、產卵。

牠的身子帶著海洋最深的溼意和氣息，空氣裡凍結的便是這種充滿生機的異味。黑夜彷彿加速了這種奇特之味的擴散。

午夜之前，她找到一處適當的場地，產完卵，再拖著疲憊而龜裂的身子，爬回海洋。沙灘上，留下了如戰車經過時的寬履帶印痕。一個半月後，這些卵會孵化出小海龜。

我們都只在山水海灘居住一個晚上。

天人菊

這個時節到澎湖，縱使不認識植物的觀光客，一定看過紅黃花瓣摻雜的天人菊。一叢叢開滿所有的草原，漂亮地迤邐到天邊。老頭依據自己的經驗告訴我，四月初花苞待放時最美。六月是盛開的季節。七月天人菊消失，便進入炎炎夏日。

伴生在天人菊旁的植物如疾藜、蒼耳、孟仁草等都是過去在台灣北部少見的野草，它們隨著天人菊所構成的生態環境，相當值得玩味。天人菊花開時，並未看到蝴蝶飛舞，只有小雲雀和黃牛在草原上活動。冬天時，草原上的植物較為短少、稀疏，可能提供了其他過境鳥類的生存空間。

在澎湖縣志裡，澎湖人叫小雲雀為半天鳥，可見牠們和當地人的生活相當密切。我在那兒待了兩天，只要走到草原的環境，隨時可看到，並聽到牠們自草原竄起，發出鳴叫的聲音。有時，牠們佇立草原裡也會不斷歌唱。牠們經常飛近我，不過一、兩公尺的距離，大概是繁殖期的不安躁動，這種情形在台灣很難體驗。

漁翁島

車子經過跨海大橋後，地勢略為高起，曲線也漂亮了起來。島上的房子多半位於山凹的避風處，形成一個個小村落。主要的公路兩旁都是漂亮的草原，說廣闊呢，似乎太過於溢美。畢竟，草原的盡頭就是蔚藍的海洋。但遠遠望去，因知道再過去就是海時，島上的草原形成了一個合宜開闊的風景。

在漁翁島寬廣而美麗的草原上，可以看到台灣密集度最高的黃牛群，以及紅輪牛車。島上無水牛只有黃牛，一看即知，這是個不產稻米的島嶼。群島原本即以乾糧為主。開闊的地面若不是草原，大概都會開墾來種植花生和地瓜，屋子旁邊較容易發現玉米，咕咾石牆上經常攀爬著葉形優雅的稜角絲瓜。

玄武岩壯麗的景觀，在漁翁島上不時可看見。在牛心山，我彷彿站在美國大西部旁，有著旅人特別的荒涼心境和異國的疏離情調。

一所台灣著名的城鄉建築所，把一間咕咾石舊院落重新翻修。我和朋友都未買票進去參觀，寧可繞著旁邊的小徑，參觀一些殘存的舊宅。新宅使用的材料並未全然用咕咾石，像一棟台灣某個舊宅翻修的景觀建築，看不出當地建築的特色。這樣的翻新，讓當地的住民感到困惑。

白沙島赤嵌社區

等待遊艇前往目斗嶼時，老頭帶我到赤嵌社區走逛。正午的陽光照射下，這個整潔社區的巷弄和風光，像極了西班牙窮鄉僻壤的某一個小村落。

那兒貓特別多。我注意到貓時，不免困惑狗為何會少。原來這兒居家簡單，小偷不多，養狗沒什麼幫助。

至於貓為何多？老頭猜想，大概這裡漁獲較多，貓又性好吃魚，生存空間大。再者，澎湖人擔心冬天無食物，喜歡貯藏各種魚獲和醃漬小物，住屋附近老鼠可能比較多。養貓捉老鼠，比養狗防小偷，更有實質的幫助。

我十分贊同他的看法。後來，他指著一處百年廢棄老屋的大門，右下角旁邊，一個方形的小洞，正是供貓出入的小門。

在郊野一點的地方，我們繼續看到花生和甘藷。在咕咾石屋牆附近，仍是稜角絲瓜、番石榴、玉米比較容易發現。社區多半是老幼和婦孺，以前一些攝影界朋友，諸如謝三泰、潘小俠等常到這兒，以老人、孩童與貓等邊緣族群，做為拍攝的主題。由此，我們不難思索這些攝影工作者內心企求的世界。

村落巷弄間的各種屋宇造形，諸如鎮風石的擺設位置、窗櫺和窄石門的各種裝飾、咕咾石和玄武岩的堆砌方法等等建築內容，都相當值得研究者到此好好觀察。

我最有興趣的是村裡的公醫館和鹽館。這些老式的水泥屋，形成了咕咾石村落的一個有趣指標。過去，比較好的房子都是當地受過日本教育的知識分子。他們帶進了歐式的巴洛克建築，形成這個社區的高級住宅。近來則是台灣常見的庸俗磁磚公寓，取代了咕咾石的房子。

目斗嶼

和一群遊客搭乘遊艇，前往澎湖最北方的目斗嶼。目斗嶼草木不生，遊客去做什麼？原來是要去浮潛的。這是最新的觀光花招，讓遊客有前往的誘因。若按照以前的旅遊內容，坐一個多小時的船程，抵達這座北方的荒島後，除了觀看燈塔，實在不知要做什麼。

以前當海軍時，對這座小島就非常熟悉。島上的燈塔是船隻行駛台灣海峽，測位的重要座標。

觀光客搭乘的遊艇，速度遠快於漁船，噪音也奇大。激起的浪花，又白又長。所經過的海域，更會造成相當大的干擾。遊艇駛入吉貝嶼時，知趣的放慢速度，因為港口附近有挖土機正在挖沙。如果，遊艇駛得太快，造成的浪花會侵蝕土堤，土堤上的挖土機恐有掉落之虞。

整個目斗嶼最清楚的就是燈塔，黑白相間異常醒目。整個島上除了燈塔，盡是玄武岩的岩石，或整片黑褐或暗黑。岩石土質堅硬，再加上海風吹蝕，難以讓植物生長。我未找到任何喬木生長，只能在背風的燈塔前找到幾株乾溝飄浮草，從貝殼沙地的牆角奮力長出。

站在目斗嶼，遠遠的，可以看到吉貝嶼銀白而狹長的沙灘。這個全台灣最美麗的海灘，據說已經被澎湖當地的特權人士占有。吉貝嶼當地的住民並未從這道美麗的沙灘分享到任何的利益。燈塔的看守人，據說都是一個吉貝嶼家族的人，一代傳一代。為了充實生活的補品，他們在燈塔蓋了兩處低矮、背風的小石屋，飼養雞鴨。

同時，將一處岩石的小溝做成蓄水池，接駁雨水。如果，沒有吉貝嶼的物質支援，看守人一定很難生活。

面南的海灣，可以停泊遊艇。那兒有一道用石塊堆砌而成，用來捕魚的石滬，形狀如一對大彎鉤，僅有一小小出口。魚群游入石滬後，順著石牆不斷梭巡，難以游出。

濱海的岩石上，有許多白眉燕鷗和蒼燕鷗棲息。附近的幾座小島，我懷疑可能有鳥巢。燕鷗們不斷地潛水下海去捕食小魚，利用喉囊儲存捕到的小魚，準備帶回去給幼鳥吃。

燈塔前有幾位來自吉貝嶼的攤販，在大洋傘下，擺了攤位。他們帶了一些飲料和果物，守在燈塔下，準備賣給來此潛泳的觀光客。整個島上主要就是這兩種人。

這一切形成很奇異的組合。逛完奇岩處處的島上，我們在大洋傘下，和友人喝著吉貝嶼來的飲料，躲避赤熱的陽光。一邊鳥瞰著觀光客在海灣潛泳，一邊又無奈地注意，到處都是觀光客丟棄的垃圾。除此，在這座島，看是無所事事，感覺未來的時間已經遲緩。甚至歷史，都呈現停格的狀態。眼前的景象是過去，也是未來。

（一九九五．八）

國家圖書館出版品預行編目資料

快樂綠背包／劉克襄著. - 二版. - 台中市：晨星，2013.05

面； 公分，——（自然公園；040）

ISBN 978-986-177-714-6（平裝）

1.自然保育 2.生態旅遊

367 102005585

自然公園 40

快樂綠背包

作者 劉 克 襄
主編 徐 惠 雅
校對 徐 惠 雅 、 劉 克 襄 、 胡 文 青
美術編輯 王 志 峯
封面設計 黃 聖 文

創辦人 陳銘民
發行所 晨星出版有限公司
台中市407工業區30路1號
TEL：04-23595820 FAX：04-23550581
E-mail：service@morningstar.com.tw
http：//www.morningstar.com.tw
行政院新聞局局版台業字第2500號
法律顧問 甘龍強律師
初版 西元1998年7月30日
二版 西元2013年6月10日
西元2014年7月30日（二刷）

郵政劃撥 22326758（晨星出版有限公司）
讀者服務 （04）23595819＃230
印刷 上好印刷股份有限公司

定價280元

ISBN 978-986-177-714-6
Published by Morning Star Publishing Inc.
Printed in Taiwan

◆讀者回函卡◆

以下資料或許太過繁瑣，但卻是我們瞭解您的唯一途徑，

誠摯期待能與您在下一本書中相逢，讓我們一起從閱讀中尋找樂趣吧！

姓名：＿＿＿＿＿＿＿＿ 性別：□ 男 □ 女 生日： / /

教育程度：＿＿＿＿＿＿

職業：□ 學生 □ 教師 □ 內勤職員 □ 家庭主婦

□ 企業主管 □ 服務業 □ 製造業 □ 醫藥護理

□ 軍警 □ 資訊業 □ 銷售業務 □ 其他＿＿＿＿＿＿

E-mail：＿＿＿＿＿＿＿＿＿＿＿＿ 聯絡電話：＿＿＿＿＿＿＿＿＿＿

聯絡地址：□□□＿＿＿＿＿＿＿＿＿＿＿＿＿＿＿＿＿＿＿＿＿＿＿＿

購買書名： 快樂綠背包

・誘使您購買此書的原因？

□ 於＿＿＿＿＿書店尋找新知時 □ 看＿＿＿＿＿報時瞄到 □ 受海報或文案吸引

□ 翻閱＿＿＿＿＿＿雜誌時 □ 親朋好友拍胸脯保證 □＿＿＿＿電台DJ熱情推薦

□電子報的新書資訊看起來很有趣 □對晨星自然FB的分享有興趣 □瀏覽晨星網站時看到的

□ 其他編輯萬萬想不到的過程：＿＿＿＿＿＿＿＿＿＿＿＿＿＿＿＿＿＿＿＿

・本書中最吸引您的是哪一篇文章或哪一段話呢?＿＿＿＿＿＿＿＿＿＿＿＿＿＿＿

・請您為本書評分，請填代號：1. 很滿意 2. ok啦！ 3. 尚可 4. 需改進。

□ 封面設計＿＿＿＿ □尺寸規格＿＿＿＿ □版面編排＿＿＿＿ □字體大小＿＿＿＿

□ 內容＿＿＿＿＿＿ □文／譯筆＿＿＿＿ □其他建議＿＿＿＿

・下列書系出版品中，哪個題材最能引起您的興趣呢?

台灣自然圖鑑：□植物 □哺乳類 □魚類 □鳥類 □蝴蝶 □昆蟲 □爬蟲類 □其他＿＿＿＿

飼養&觀察：□植物 □哺乳類 □魚類 □鳥類 □蝴蝶 □昆蟲 □爬蟲類 □其他＿＿＿＿＿

台灣地圖：□自然 □昆蟲 □兩棲動物 □地形 □人文 □其他＿＿＿＿＿＿＿＿＿＿＿＿

自然公園：□自然文學 □環境關懷 □環境議題 □自然觀點 □人物傳記 □其他＿＿＿＿＿

生態館：□植物生態 □動物生態 □生態攝影 □地形景觀 □其他＿＿＿＿＿＿＿＿＿＿＿

台灣原住民文學：□史地 □傳記 □宗教祭典 □文化 □傳說 □音樂 □其他＿＿＿＿＿＿

自然生活家：□自然風DIY手作 □登山 □園藝 □觀星 □其他＿＿＿＿＿＿＿＿＿＿＿＿

・除上述系列外，您還希望編輯們規畫哪些和自然人文題材有關的書籍呢?＿＿＿＿＿＿

・您最常到哪個通路購買書籍呢? □博客來 □誠品書店 □金石堂 □其他＿＿＿＿＿＿＿

很高興您選擇了晨星出版社，陪伴您一同享受閱讀及學習的樂趣。只要您將此回函郵寄回本社，或傳眞至（04）2355-0581，我們將不定期提供最新的出版及優惠訊息給您，謝謝！若行有餘力，也請不吝賜教，好讓我們可以出版更多更好的書！

・其他意見：＿＿＿＿＿＿＿＿＿＿＿＿＿＿＿＿＿＿＿＿＿＿＿＿＿＿＿＿＿＿

晨星出版有限公司 編輯群，感謝您！

請填妥對折裝訂，直接投郵即可，免貼郵票

廣告回函
台灣中區郵政管理局
登記證第267號
免貼郵票

407
台中市工業區30路1號
晨星出版有限公司

請沿虛線摺下裝訂，謝謝！

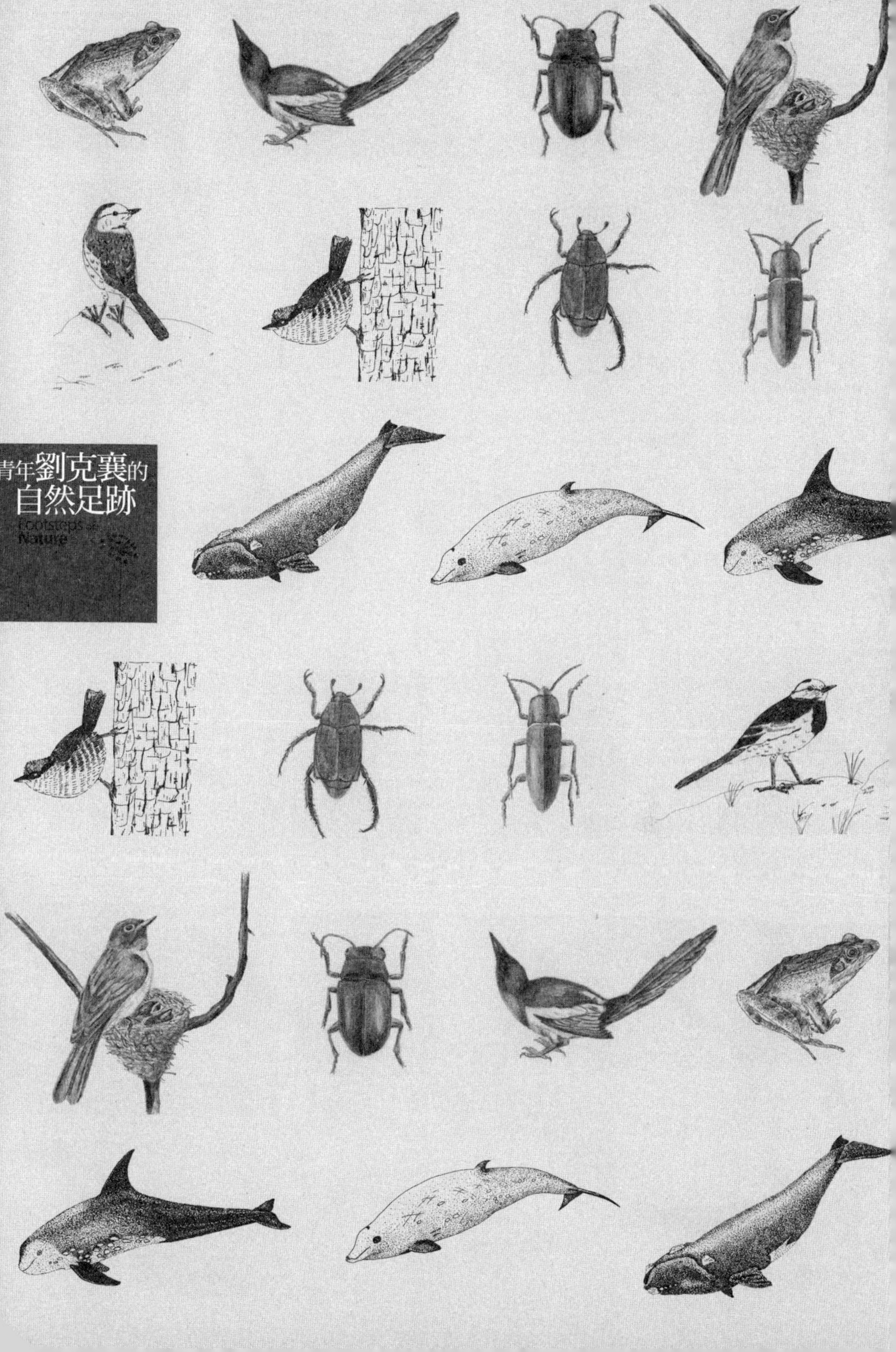

青年劉克襄的
自然足跡
Footsteps of
Nature

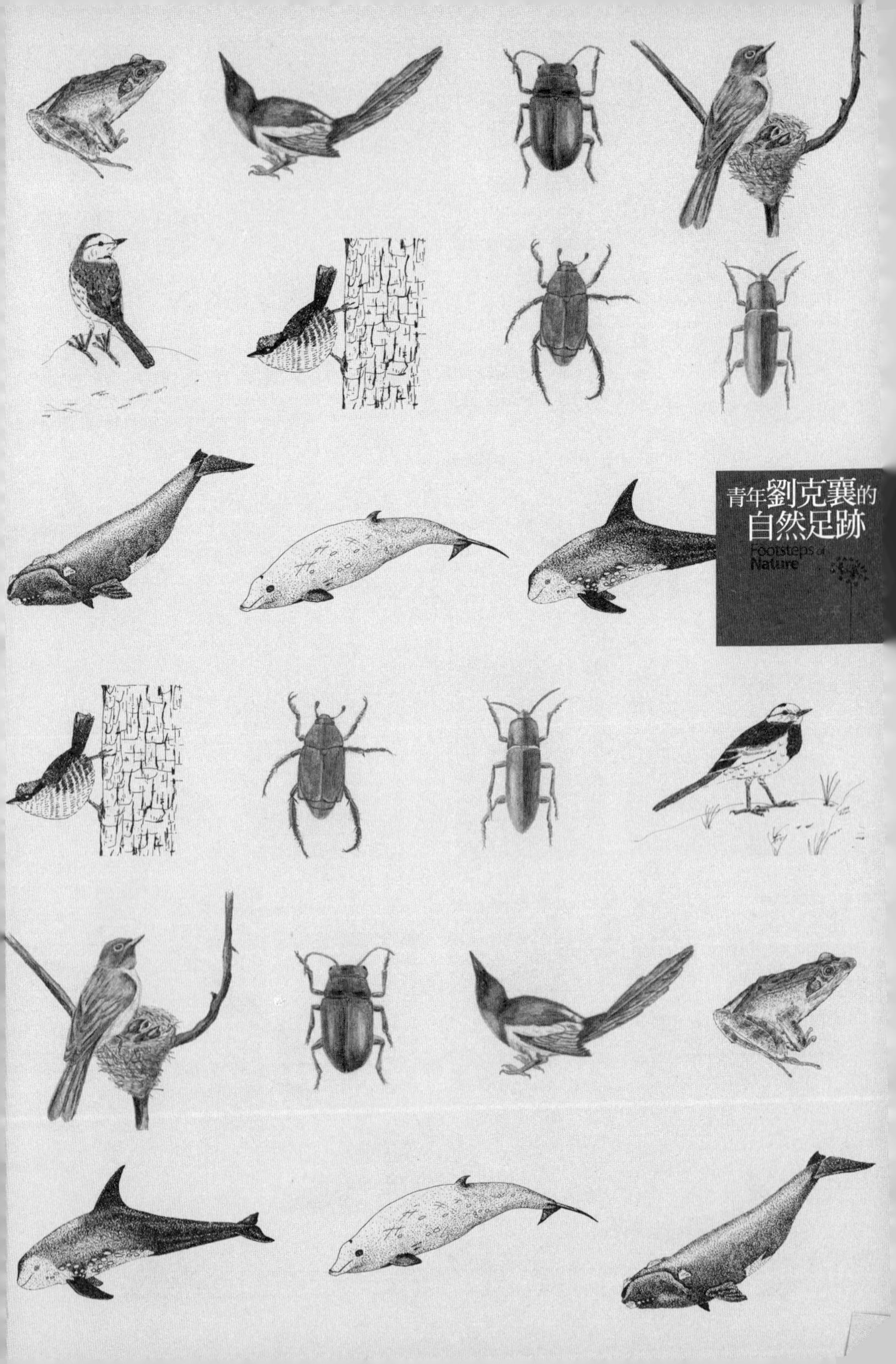
青年劉克襄的
自然足跡
Footsteps of
Nature